Thomas Moser

Probabilistische Analyse von Betonbrücken

Thomas Moser

Probabilistische Analyse von Betonbrücken

Ein Beitrag zur praxisgerechten Anwendung

Südwestdeutscher Verlag für Hochschulschriften

Impressum/Imprint (nur für Deutschland/only for Germany)
Bibliografische Information der Deutschen Nationalbibliothek: Die Deutsche Nationalbibliothek verzeichnet diese Publikation in der Deutschen Nationalbibliografie; detaillierte bibliografische Daten sind im Internet über http://dnb.d-nb.de abrufbar.
Alle in diesem Buch genannten Marken und Produktnamen unterliegen warenzeichen-, marken- oder patentrechtlichem Schutz bzw. sind Warenzeichen oder eingetragene Warenzeichen der jeweiligen Inhaber. Die Wiedergabe von Marken, Produktnamen, Gebrauchsnamen, Handelsnamen, Warenbezeichnungen u.s.w. in diesem Werk berechtigt auch ohne besondere Kennzeichnung nicht zu der Annahme, dass solche Namen im Sinne der Warenzeichen- und Markenschutzgesetzgebung als frei zu betrachten wären und daher von jedermann benutzt werden dürften.

Coverbild: www.ingimage.com

Verlag: Südwestdeutscher Verlag für Hochschulschriften GmbH & Co. KG
Heinrich-Böcking-Str. 6-8, 66121 Saarbrücken, Deutschland
Telefon +49 681 37 20 271-1, Telefax +49 681 37 20 271-0
Email: info@svh-verlag.de

Zugl.: Wien, Universität für Bodenkultur, Dissertation, 2012

Herstellung in Deutschland (siehe letzte Seite)
ISBN: 978-3-8381-3297-6

Imprint (only for USA, GB)
Bibliographic information published by the Deutsche Nationalbibliothek: The Deutsche Nationalbibliothek lists this publication in the Deutsche Nationalbibliografie; detailed bibliographic data are available in the Internet at http://dnb.d-nb.de.
Any brand names and product names mentioned in this book are subject to trademark, brand or patent protection and are trademarks or registered trademarks of their respective holders. The use of brand names, product names, common names, trade names, product descriptions etc. even without a particular marking in this works is in no way to be construed to mean that such names may be regarded as unrestricted in respect of trademark and brand protection legislation and could thus be used by anyone.

Cover image: www.ingimage.com

Publisher: Südwestdeutscher Verlag für Hochschulschriften GmbH & Co. KG
Heinrich-Böcking-Str. 6-8, 66121 Saarbrücken, Germany
Phone +49 681 37 20 271-1, Fax +49 681 37 20 271-0
Email: info@svh-verlag.de

Printed in the U.S.A.
Printed in the U.K. by (see last page)
ISBN: 978-3-8381-3297-6

Copyright © 2012 by the author and Südwestdeutscher Verlag für Hochschulschriften GmbH & Co. KG and licensors
All rights reserved. Saarbrücken 2012

Inhaltsverzeichnis

Inhaltsverzeichnis 1

1 **Einleitung und Problemstellung** 5

2 **Grundlagen und normative Regelung der Zuverlässigkeit von Tragwerken** 6

   2.1 Einführung und Begriffsbestimmungen 6

      2.1.1 Sicherheit 6

      2.1.2 Risiko 6

      2.1.3 Zuverlässigkeit 7

      2.1.4 Versagenswahrscheinlichkeit 7

   2.2 Normative Regelungen für die Zuverlässigkeit von Tragwerken 9

      2.2.1 Deterministische Betrachtungsweise 9

      2.2.2 Probabilistische Betrachtungsweise 10

      2.2.3 Zuverlässigkeitskriterien gemäß ÖNORM EN 1990 [63] 10

      2.2.4 Zuverlässigkeiten für Neubauten 12

      2.2.5 Zuverlässigkeiten für bereits bestehende Bauwerke 14

3 **Grundlagen der Stochastik und Berechnungsmethoden der Zuverlässigkeit im Ingenieurbau** 18

   3.1 Verteilungsfunktionen stetiger Zufallsvariablen 18

      3.1.1 Normalverteilung, N (μ; σ) 20

      3.1.2 Logarithmische Normalverteilung, LN (λ; ε) 21

      3.1.3 Extremwertverteilungen 23

      3.1.4 Gammaverteilung, G (α; β) 25

   3.2 Methoden zur Berechnung der Zuverlässigkeit im Ingenieurbau 27

      3.2.1 Definition des Zuverlässigkeitsindex β 27

      3.2.2 Zuverlässigkeitsberechnung mit Hilfe der „First Order Reliability Method" (FORM) 31

      3.2.3 Zuverlässigkeitsberechnung mit Hilfe der „Second Order Reliability Method" (SORM) 33

      3.2.4 Zuverlässigkeitsberechnung mit Hilfe von Simulationsverfahren 34

4 **Mechanische Rechenmodelle und deren probabilistische Grenzzustandsfunktion** 39

   4.1 Allgemeines 39

   4.2 Mechanische Rechenmodelle für Konstruktionsbeton 39

      4.2.1 Bemessungsmodell bei Biegebeanspruchung ohne Normalkraft und ohne Druckbewehrung 39

      4.2.2 Bemessungsmodell der Querkraft 41

   4.3 Probabilistische Grenzzustandsfunktionen 45

4.3.1 Grenzzustandsfunktion bei Biegebeanspruchung ohne Normalkraft und ohne Druckbewehrung ... 45
4.3.2 Grenzzustandsfunktionen der Querkraft ... 45
4.4 Modellunsicherheiten ... 47
    4.4.1 Unsicherheiten der Rechenmodelle ... 47
    4.4.2 Modellunsicherheiten der Beanspruchung ... 48

5 Berechnungsmodelle von Brückentragwerken aus Beton ... 50
5.1 Vergleich verschiedener Berechnungsmodelle ... 50

6 Beschreibung des Versuchstragwerks und Ermittlung probabilistischer Kenngrößen ... 53
6.1 Brückenbestand der Österreichischen Bundesbahnen ... 53
6.2 Beschreibung des Brückentragwerks ... 54
6.3 Berechnungsmodell ... 58
6.4 Ermittlung der probabilistischen Parameter für Stahlbetontragwerke anhand von Bauwerksprüfungen ... 60
    6.4.1 Betondruckfestigkeit ... 61
    6.4.2 Betonzugfestigkeit ... 62
    6.4.3 Bruchenergie ... 62
    6.4.4 Elastizitätsmodul (Beton) ... 64
    6.4.5 Stahlzugfestigkeit ... 64
    6.4.6 Elastizitätsmodul (Stahl) ... 64
    6.4.7 Bauteilabmessungen ... 65
    6.4.8 Betondeckung ... 65
    6.4.9 Statistische Auswertung der Versuchsdaten ... 66

6.5 Ermittlung der probabilistischen Parameter für Stahlbetontragwerke anhand von empirischen Daten ... 77
    6.5.1 Betondruckfestigkeit ... 77
    6.5.2 Betonzugfestigkeit ... 78
    6.5.3 Bruchenergie ... 78
    6.5.4 Elastizitätsmodul (Beton) ... 80
    6.5.5 Stahlzugfestigkeit ... 80
    6.5.6 Elastizitätsmodul (Stahl) ... 81
    6.5.7 Bauteilabmessungen ... 81
    6.5.8 Betondeckung ... 82
    6.5.9 Zusammenfassung ... 83

7 Teilsicherheitsbeiwertekonzept zum Nachweis von historischen Stahlbetonbauwerken ... 84
7.1 Allgemeines ... 84
7.2 Vorgehensweise ... 86

7.3 Ermittlung der erforderlichen Teilsicherheitsbeiwerte zur Einhaltung festgelegter Zuverlässigkeitsindizes für den Querkraftnachweis 87

7.3.1 Querkraftnachweis des Bauteils ohne rechnerisch erforderliche Schubbewehrung 87
7.3.2 Querkraftnachweis bei Versagen der Querkraftbewehrung 89
7.3.3 Querkraftnachweis beim Versagen der Druckstrebe 90
7.3.4 Anwendungsbeispiel zur Reduktion der Teilsicherheitsbeiwerte γ_G und γ_Q 91
7.3.5 Anwendungsbeispiel zur Reduktion der Teilsicherheitsbeiwerte γ_S und γ_c 98
7.3.6 Normierung der Berechnung für die Erstellung von Bemessungsdiagrammen 99

7.4 Ermittlung der erforderlichen Teilsicherheitsbeiwerte zur Einhaltung festgelegter Zuverlässigkeitsindizes für den Biegezugnachweis 109

7.4.1 Anwendungsbeispiel zur Reduktion der Teilsicherheitsbeiwerte 110

7.5 Zusammenfassung 114

8 Berechnung der erforderlichen Materialparameter mit Hilfe von neuronalen Netzwerken 117

8.1 Allgemeines und Systematik 117

8.1.1 Formulierung der Problematik bei der inversen Zuverlässigkeitsbestimmung 117
8.1.2 Inverse Berechnung mit Hilfe von neuronalen Netzwerken 118

8.2 Anwendungsbeispiel 121

8.3 Zusammenfassung 124

9 Instandhaltungsoptimierung mit Hilfe von Entscheidungsbäumen in Verbindung mit Markov - Ketten 125

9.1 Allgemeines 125

9.2 Markov – Ketten 127

9.3 Theorie zur Instandhaltungsoptimierung mit Hilfe des allgemeinen POMDP in Verbindung mit Entscheidungsprozessen 128

9.4 Anwendungsbeispiel 130

9.4.1 Berechnungsparameter 132
9.4.2 Berechnung der optimalen Kosten für die Instandhaltung 134

10 Zusammenfassung und Ausblick 136

10.1 Zusammenfassung 136

10.2 Ausblick 138

Literatur **139**

Anhang I **150**

Anhang II **158**

Anhang III **161**

1 Einleitung und Problemstellung

Die Entwicklung der Baustatik im 18. Jh. ermöglichte erstmals eine wissenschaftlich – ingenieurmäßige Berechnung und Bemessung von Tragwerken [35]. Die Anforderungen an Tragwerke, z.b. aufgrund von Nutzungs- und Nutzlaständerungen oder Umweltbelastungen, können als keine konstante Größe während der geplanten Lebensdauer (z.b. 100 Jahre für Brückenbauwerke nach [63]) angesehen werden. Sowohl diese variablen Anforderungen als auch Erkenntnisse aus dem Tragwerksbestand [40] und beschränkte Ressourcen für Neubauten haben für die effiziente Bewertung von existierenden Bauwerken - und folglich für die tägliche Arbeit von Ingenieuren - eine große Bedeutung.

Eine Methode für die effiziente Bewertung von bestehenden Tragwerken, welche eine weit flexiblere Möglichkeit als Normbestimmungen besitzt und auf die variablen Anforderungen an Strukturen zu reagieren erlaubt, ist die probabilistische bzw. zuverlässigkeitsbasierte Betrachtungsweise. Zu den Pionieren dieser Methode zählten FREUDENTHAL in den 40er Jahren [1] und CORNELL und HASOFER / LIND, welche die Problematik der invarianten Grenzzustandsformulierung durch die Überführung in den standardisierten Normalraum lösten [15], [27].

Neben der Möglichkeit der Beachtung der epistemischen und aleatorischen Unsicherheiten bei probabilistischen Betrachtungsweisen in Form von Verteilungsdichtefunktionen (PDFs) nach ANG / TANG [2] erfordert die Methode auch die realistische Definition der PDFs zur Vermeidung von verfälschten Modellantworten der Struktur.

Für übliche Materialien und geometrische Abmessungen und Einwirkungen des Ingenieurwesens sind für Plausibilitätskontrollen bereits umfangreiche Untersuchungen durchgeführt und PDFs bzw. stochastische Modelle definiert worden. Stochastische Modelle des Ingenieurwesens und die Grundlagen der probabilistischen Methoden sind u.a. in SPAETHE [88], MELCHERS [44], BRAML [10], O'CONNOR et al. [52], WANG et al. [101] und STRAUSS [50] enthalten.

Die probabilistischen Betrachtungen werden in den neuen europäischen Normen Generationen der Ingenieurpraxis zugänglich gemacht, finden jedoch noch geringe Akzeptanz aufgrund des Erhebungsaufwandes (Definition der PDFs der Modelleingangswerte), des Berechnungsaufwandes und der Definition der Verantwortlichkeit in Bezug auf das Restrisiko.

Für eine realitätsnahe effiziente Bewertung von bestehenden Strukturen einer Volkswirtschaft [41], [94] muss es jedoch das Ziel sein, einen praxisgerechten Zugang für den Bereich der probabilistischen Nachweisführung zu finden.

2 Grundlagen und normative Regelung der Zuverlässigkeit von Tragwerken

2.1 Einführung und Begriffsbestimmungen

Bauwerke sind im Allgemeinen in einer Weise zu planen bzw. auszuführen, dass sie ihre Bestimmungen während der vorgesehenen Nutzungsdauer erfüllen. Sie müssen mit einer definierten Wahrscheinlichkeit den äußeren Einwirkungen, denen sie sowohl während der Nutzungsphase als auch während der Bauphase ausgesetzt werden, standhalten [88].

2.1.1 Sicherheit

Der Begriff Sicherheit hat im Ingenieurwesen eher einen untergeordneten Stellenwert, da die Sicherheit einen rein qualitativen Charakter besitzt. Ein Tragwerk wird im Allgemeinen als „sicher" bezeichnet, wenn die Gefährdung durch Dritte im Einflussbereich des Objektes durch geeignete Maßnahmen auf ein akzeptiertes Maß beschränkt wird. Es ist weiters anzumerken, dass absolute Sicherheit jedoch nie erreicht werden kann [84].

SPAETHE [88] bezeichnet weiters nicht das Tragwerk selbst als „sicher", sondern vielmehr die Nutzer in dessen Einflussbereich.

2.1.2 Risiko

Risiko ist im Gegensatz zur Sicherheit ein quantifizierbarer Begriff. Es ist eine Funktion der Eintrittswahrscheinlichkeit oder Versagenswahrscheinlichkeit und des Erwartungswertes eines Schadens bzw. des Schadensausmaßes bei Eintreten eines Umstandes. Letzteres wird je nach Sachgebiet durch einen finanziellen Wert oder aber auch durch die Anzahl von Unfallopfern ausgedrückt.

Ziel für die Planung und Herstellung eines Ingenieurbauwerkes ist es, das Risiko eines Versagens, das für Brückentragwerke im Falle eines Tragfähigkeitsverlustes meist mit Todesopfern verbunden ist, auf einem durch die Gesellschaft akzeptierten Niveau zu halten. Die Höhe dieser Akzeptanzgrenze hängt im Wesentlichen vom Grad der Freiwilligkeit der Handlung ab [84].

Zum Vergleich für die im Ingenieurwesen verhältnismäßig geringen Risiken werden in Tabelle 2-1 von der Bevölkerung bereits offensichtlich akzeptierte Risiken dargestellt.

Ursache	Todesfälle / Jahr und 10^6 Personen
Rauchen	4000
Verkehr 2008 (EU – Schnitt)	78,3
Flugzeugabsturz	10
Erdbeben (Kalifornien)	0,02
Brückeneinsturz	0,0001

Tabelle 2-1: Mittlere Todesfallrisiken [4], [17], [84],

2.1.3 Zuverlässigkeit

Die Zuverlässigkeit ist die Eigenschaft eines Tragwerks bzw. eines Systems, eine festgelegte Funktion (Tragfähigkeit, Gebrauchstauglichkeit) unter vorgegebenen Bedingungen während einer bestimmten Zeitdauer mit einer definierten Wahrscheinlichkeit zu erfüllen [69], [84]. Die Zuverlässigkeit ist allgemein mit der Formel (2-1) beschrieben und daher auch quantifizierbar.

$$Z = 1 - p_f \qquad (2\text{-}1)$$

p_f definiert dabei die Versagenswahrscheinlichkeit.

2.1.4 Versagenswahrscheinlichkeit

Hierbei spricht man von der Wahrscheinlichkeit, dass ein vorgegebener Grenzzustand (z.B. Grenzzustand der Tragfähigkeit) während einer festgesetzten Dauer überschritten und somit nicht eingehalten wird. Die Versagenswahrscheinlichkeit p_f eines Systems ist nur mit probabilistischen Berechnungsverfahren zu ermitteln.

$$p_f = p(E > R) \qquad (2\text{-}2)$$

Komplementär zur Versagenswahrscheinlichkeit kann somit auch die Überlebenswahrscheinlichkeit p_s, welche das Nichtüberschreiten eines Grenzzustandes beschreibt, definiert werden. Durch Addition beider Wahrscheinlichkeiten erhält man den Wert 1 (Formel (2-3)).

$$p_s + p_f = 1 \qquad (2\text{-}3)$$

Die Überlebenswahrscheinlichkeit kann auch als Zuverlässigkeit gemäß Kapitel 2.1.3 bezeichnet werden. Durch Umformen der Gleichung (2-3) erhält man so die Gleichung (2-1).

Bei der Versagenswahrscheinlichkeit p_f handelt es sich jedoch lediglich um einen theoretischen Wert. Menschliche Fehlhandlungen aus verschiedenen Ursachen sind hierbei nicht berücksichtigt. In MATOUSEK & SCHNEIDER [42] wird jedoch darauf hingewiesen, dass gerade in diesen Fehlhandlungen die größte Fehlerquelle verborgen liegt. SPAETHE [88] führt daher den Begriff der „operativen Versagenswahrscheinlichkeit" ein. Da es sich bei Berechnungen der Versagenswahrscheinlichkeit in der vorliegenden Arbeit immer um die „operative Versagenswahrscheinlichkeit" handelt, wird aus Gründen der Übersichtlichkeit das Adjektiv weggelassen. Obwohl der Eintritt eines Versagens durch menschliche Fehlhandlungen in der Regel größer ist als die berechnete Versagenswahrscheinlichkeit, ist diese gemäß [88] für den Entwurf und die Berechnung vernachlässigbar. SCHNEIDER [84] ermittelte aus Schadensstatistiken, dass die tatsächlich zu erwartende Versagenswahrscheinlichkeit infolge der nicht berücksichtigten Einflüsse durch menschliches Versagen oder Irrtümer um den Faktor 10 höher ist als die berechnete Versagenswahrscheinlichkeit p_f.

Aufgrund der im Ingenieurwesen üblicherweise kleinen Versagenswahrscheinlichkeiten von $p_f \approx 10^{-6}$ wurde aus baupraktischen Gründen ein Zuverlässigkeitsindex β eingeführt. Die Herleitung sowie der Zusammenhang mit der Versagenswahrscheinlichkeit p_f werden in den nachfolgenden Kapiteln erläutert.

2.2 Normative Regelungen für die Zuverlässigkeit von Tragwerken

Im Laufe der Zeit gab es eine Vielzahl an Änderungen der Regelwerke, die der Bemessung von Betontragwerken zugrunde liegen. Neben Überarbeitungen, die die Einwirkungen oder Materialparameter betreffen, erfolgten auch Neuerungen bezüglich des gesamten Sicherheitskonzeptes im Bauingenieurwesen (Tabelle 2-2).

Sicherheitskonzept	Bemessungskriterium	Anwendungszeitraum
empirisch	Erfahrung	bis 19. Jahrhundert
deterministisch	globaler Sicherheitsfaktor v	1948 – 1994 (ÖNORM B 4200)
semi - probabilistisch	Teilsicherheitsbeiwerte γ	1995 – 2009 (ÖNORM B 4700) ab 2009 (Eurocode)
probabilistisch	Zuverlässigkeitsindex β, Versagenswahrscheinlichkeit	1995 – 2009 (ÖNORM B 4700) ab 2009 (Eurocode)

Tabelle 2-2: Sicherheitskonzepte

1989 wurden mit der ÖNORM B4040 [57] die Grundlagen der probabilistischen Bemessung von Ingenieurtragwerken festgelegt. Durch die von der Europäischen Union durchgeführte Harmonisierung der Sicherheitskonzepte in Europa, wurde auch in Österreich das bis dato angewandte deterministische Sicherheitskonzept, welches mit globalen Sicherheitsfaktoren behaftet war, vom semi - probabilistischen Sicherheitskonzept abgelöst.

Das semi - probabilistische Sicherheitskonzept entwickelte sich aus dem probabilistischen Sicherheitskonzept, indem die Teilsicherheitsbeiwerte auf der Widerstands- und auf der Einwirkungsseite berücksichtigt wurden. Die Berechnung als solches erfolgt nach wie vor deterministisch.

2.2.1 Deterministische Betrachtungsweise

Bei der deterministischen Betrachtungsweise werden die Basisvariablen der zu untersuchenden Grenzzustandsfunktion durch charakteristische Werte und die entsprechenden Teilsicherheitsbeiwerte in der Berechnung berücksichtigt.

Der Grenzzustand kann im Allgemeinen folgendermaßen formuliert werden:

$$E_d(\gamma_G \cdot G_k, \gamma_Q \cdot Q_k) \leq R_d \left(\frac{R_k}{\gamma_R}\right) \qquad (2\text{-}4)$$

Dabei gilt: E_d = der Bemessungswert der Einwirkung, γ_G = der Teilsicherheitsbeiwert der ständigen Einwirkung, γ_Q = der Teilsicherheitsbeiwert der veränderlichen Einwirkung, G_k = der charakteristische Wert der ständigen Einwirkung, Q_k = der charakteristische Wert der veränderlichen Einwirkung, γ_R = der Teilsicherheitsbeiwert des Widerstandes und R_d = der Bemessungswert des Widerstandes.

In den heute gültigen Normen wurden die Teilsicherheitsbeiwerte größtenteils mit Hilfe von probabilistischen Berechnungsmethoden auf ein durch die Norm definiertes Zuverlässigkeitsniveau hin kalibriert, wodurch sich auch die gebräuchliche Bezeichnung als semi – probabilistischer Nachweis erklären lässt.

2.2.2 Probabilistische Betrachtungsweise

Im Gegensatz zur in Kapitel 2.2.1 beschriebenen deterministischen Betrachtungsweise werden die Basisvariablen bei der Berechnung des Grenzzustandes mit ihrer Verteilungsfunktion berücksichtigt.

$$\widetilde{G} = R - E \qquad (2\text{-}5)$$

Resultierend aus der probabilistischen Berechnung erhält man die Versagenswahrscheinlichkeit p_f eines Systems mit der Wahrscheinlichkeit, dass $\widetilde{G}$ nach der Gleichung (2-5) kleiner Null wird. Die Versagenswahrscheinlichkeit ist mit dem Zuverlässigkeitsindex β gekoppelt, welcher ein baupraktisches Maß für Zuverlässigkeiten in der Praxis darstellt. Eine detaillierte Erläuterung des Zuverlässigkeitsindex erfolgt in Kapitel 3.2.1.

2.2.3 Zuverlässigkeitskriterien gemäß ÖNORM EN 1990 [63]

Die erforderlichen Zuverlässigkeiten von Tragwerken im Falle einer probabilistischen Berechnung werden im Anhang B der ÖNORM EN 1990 – Eurocode – Grundlagen der Tragwerksplanung [63] geregelt. Um eine Differenzierung unterschiedlicher Gebäude bzw. Tragwerkstypen zu erreichen, werden diese in Schadensfolgeklassen (Consequence Classes *CC*) unterteilt. Die unterschiedlichen Schadensfolgeklassen stehen in Abhängigkeit zur Auswirkung eines Versagens (Tabelle 2-3).

Schadensfolgeklasse	Merkmale	Beispiele im Hochbau oder bei sonstigen Ingenieurbauwerken
CC 3	hohe Folgen für Menschenleben oder sehr große wirtschaftliche, soziale oder umweltbeeinträchtigende Folgen	Tribünen, öffentliche Gebäude mit hohen Versagensfolgen
CC 2	mittlere Folgen für Menschenleben, beträchtliche wirtschaftliche, soziale oder umweltbeeinträchtigende Folgen	Wohn- und Bürogebäude, öffentliche Gebäude mit mittleren Versagensfolgen
CC 1	niedrige Folgen für Menschenleben und kleine oder vernachlässigbare wirtschaftliche, soziale oder umweltbeeinträchtigende Folgen	landwirtschaftliche Gebäude ohne regelmäßigen Personenverkehr

Tabelle 2-3: Schadensfolgeklassen gemäß [63]

In weiterer Folge werden neben den Schadensfolgeklassen auch Zuverlässigkeitsklassen (Reliability Classes RC) und in Verbindung damit auch Zuverlässigkeitsbeiwerte β definiert. Die drei zuvor definierten Schadensfolgeklassen können direkt mit den Zuverlässigkeitsklassen verknüpft werden (CC 1 = RC 1 usw.).

Die Berechnung neu zu errichtender Tragwerke erfolgt gemäß dem zurzeit gültigen Normenkonvolut (ÖNORM EN 199x) und geht im Allgemeinen von einer Berechnung für die Schadensfolgeklasse CC 2 aus. Eine genau geregelte Einstufung für Brücken erfolgt hier jedoch nicht.

In Österreich werden Brückentragwerke, unabhängig von ihrer Bedeutung und Größe, gemäß den aktuellen Regelungen (ÖNORM EN 199x) ohne zusätzliche Anpassung von Teilsicherheitsbeiwerten berechnet und bemessen. Diese Teilsicherheitsbeiwerte wurden, wie bereits in Kapitel 2.2.1 beschrieben, auf ein Zuverlässigkeitsniveau der Schadensfolgeklasse CC 2 und somit der Zuverlässigkeitsklasse RC 2 hin kalibriert.

Das JCSS [31] stuft Brücken im Gegensatz zu ÖNORM EN 1990 [63] textlich als „main bridges" in die Schadensfolgeklasse CC 3 und somit um eine Klasse höher als die ÖNORM EN 1990 [63] ein. BRAML [10] distanziert sich für eine probabilistische Nachrechnung ebenfalls von der Festlegung, alle Brückentragwerke der Schadensfolgeklasse CC 2 zuzuordnen und erlaubt eine Unterscheidung zwischen exponierten Brücken mit hohen Versagenskonsequenzen, welche BRAML der Schadensfolgeklasse CC 3 zuordnet, und Brücken im untergeordneten Netz, welche weiterhin als Tragwerke der Schadensfolgeklasse CC 2 zugeordnet werden. Ähnlich wie BRAML [10] empfehlen auch BENKO et al. [7] eine Unterteilung der Brücken in Abhängigkeit ihrer Bedeutung in die Schadensfolgeklassen CC 2 oder CC 3.

In der vorliegenden Arbeit werden alle Brückentragwerke gemäß der in Österreich praktizierten Baupraxis als Tragwerke der Schadensfolgeklasse CC 2 eingestuft.

2.2.4 Zuverlässigkeiten für Neubauten

Sowohl die ÖNORM EN 1990 [63] als auch das JCSS [31] richten sich mit der Festlegung von Zuverlässigkeitsindizes ausschließlich an in Planung befindliche und somit neu zu errichtende Tragwerke. Neben den unterschiedlichen Folgen bei Versagen eines Tragwerks hängt der Zielwert der Zuverlässigkeit auch vom Betrachtungszeitraum des Objektes ab. So werden z.B. in [63] die Zuverlässigkeitsindizes für die Bezugszeiträume von einem bzw. von 50 Jahren angegeben.

Der Zusammenhang der Versagenswahrscheinlichkeit und des Zuverlässigkeitsindex von einem bzw. n Jahren kann folgendermaßen beschrieben werden:

$$(1 - p_{f,n}) = (1 - p_{f,1})^n \tag{2-6}$$

und

$$\Phi(\beta_n) = \Phi(\beta_1)^n \tag{2-7}$$

mit:

$p_{f,1}$ = Versagenswahrscheinlichkeit für 1 Jahr

$p_{f,n}$ = Versagenswahrscheinlichkeit für n Jahre

β_1 = Zuverlässigkeitsindex für 1 Jahr

β_n = Zuverlässigkeitsindex für n Jahre

Handelt es sich um relativ kleine betrachtete jährliche Versagenswahrscheinlichkeiten, so ist die Berechnung dieser für einen längeren Bezugszeitraum nach [89] durch folgende Vereinfachung möglich:

$$p_{f,1} = p_{f,n}/n \tag{2-8}$$

Im Probabilistic Model Code des Joint Committee on Structural Safety [31] wird neben den unterschiedlichen Konsequenzen im Falle des Versagens eines Systems auch nach den entstehenden Kosten bei der Definition des Sicherheitsindex unterschieden. Diese Kostenüberlegung zeigt sich in Tabelle 2-4 in Form der angegebenen Spannweite des Zuverlässigkeitsindex β für eine Schadensfolgeklasse.

relative Kosten zur Erhöhung der Zuverlässigkeit	Folgen bei Tragwerksversagen		
	klein	mittel	hoch
hoch	$\beta = 3{,}1$ ($p_f \approx 10^{-3}$)	$\beta = 3{,}3$ ($p_f \approx 5 \cdot 10^{-4}$)	$\beta = 3{,}7$ ($p_f \approx 10^{-4}$)
mittel	$\beta = 3{,}7$ ($p_f \approx 10^{-4}$)	$\beta = 4{,}2$ ($p_f \approx 10^{-5}$)	$\beta = 4{,}4$ ($p_f \approx 5 \cdot 10^{-6}$)
klein	$\beta = 4{,}2$ ($p_f \approx 10^{-5}$)	$\beta = 4{,}4$ ($p_f \approx 5 \cdot 10^{-6}$)	$\beta = 4{,}7$ ($p_f \approx 10^{-6}$)

Tabelle 2-4: Zuverlässigkeitsindex und Versagenswahrscheinlichkeit für Neubauten in einem Bezugszeitraum von 1 Jahr [31]

Der Zuverlässigkeitsindex mit geringen Konsequenzen bei Versagen nach JCSS, der der Schadensfolgeklasse CC 1 [63] entspricht, wird in drei Kategorien unterteilt, abhängig von den Kosten zur Erhaltung des Zuverlässigkeitsniveaus, den Streuungen der Einwirkungs- und der Widerstandsseite sowie der Qualität der Inspektionen. Für hohe Kosten zur Erhaltung des vorgeschriebenen Zuverlässigkeitsniveaus sowie für Variationskoeffizienten von $CoV > 0{,}3$ ist demnach ein Zuverlässigkeitsindex von $\beta = 3{,}1$ ausreichend, während für geringe Kosten zur Einhaltung der Mindestzuverlässigkeit und Variationskoeffizienten von $CoV < 0{,}1$ ein Wert von $\beta \geq 4{,}2$ gefordert wird. Allgemein kann davon ausgegangen werden, dass zur Erhöhung des Zuverlässigkeitsindex β bei bestehenden Tragwerken mit höheren Kosten zu rechnen ist als bei in Planung befindlichen Tragwerken. In diesem Fall sollte auch der Zielzuverlässigkeitsindex von bestehenden Strukturen reduziert werden.

Die normative Regelung sowohl der Versagenswahrscheinlichkeiten als auch der Zuverlässigkeitsindizes erfolgt in [63]. Wie in Tabelle 2-5 ersichtlich ist, liegen die β - Werte für den Bezugszeitraum von einem Jahr im Gegensatz zu Tabelle 2-4 etwas höher.

Zuverlässigkeitsklasse	Mindestwert für β	
	Bezugszeitraum 1 Jahr	Bezugszeitraum 50 Jahre
RC 3 (CC 3)	5,2	4,3
RC 2 (CC 2)	4,7	3,8
RC 1 (CC 1)	4,2	3,3

Tabelle 2-5: Mindestwerte des Zuverlässigkeitsindex β für den Grenzzustand der Tragfähigkeit [63]

In [7] werden die Schadensfolgeklassen, analog zu [31] und zu der in Tabelle 2-4 dargestellten Unterteilung der möglichen Folgen bei Versagen, ebenfalls in drei weitere Klassen unterteilt. Während in Tabelle 2-4 die Unterteilung auf den relativen Kosten zur Erhöhung der Zuverlässigkeit basiert, erfolgt diese in [7] anhand der Häufigkeit der Nutzung. Somit kann festgehalten werden, dass gemäß [7] das Zuverlässigkeitsniveau abhängig von den Folgen eines Versagens und der Nutzungshäufigkeit ist (siehe Tabelle 2-6).

Häufigkeit der	Versagensfolgen		
Nutzung	gering	mittel	hoch
hoch	-	CC 3	CC 3
mittel	CC 2	CC 2	CC 3
gering	CC 1	CC 2	CC 3

Tabelle 2-6: Einteilung der Schadensfolgeklassen gemäß [7]

2.2.5 Zuverlässigkeiten für bereits bestehende Bauwerke

Eine an bestehenden Strukturen durchgeführte Analyse der Tragsicherheit und der Gebrauchstauglichkeit kann global zu einem der folgenden drei angeführten Ergebnisse führen:

- Aufgrund der Unterschreitung eines minimalen Zuverlässigkeitsniveaus in der Tragsicherheit bzw. Gebrauchstauglichkeit muss die Struktur gesperrt und abgebrochen werden.
- Aufgrund der Unterschreitung einer kritischen Schranke des Zuverlässigkeitsniveaus in der Tragsicherheit bzw. Gebrauchstauglichkeit muss der Betrieb auf der Struktur bzw. der Betrieb der Struktur eingeschränkt werden. Nur eine Sanierung erlaubt die Wiederherstellung der ursprünglich geplanten Benutzbarkeit.
- Es liegt keine Unterschreitung des definierten Zuverlässigkeitsniveaus in der Tragsicherheit bzw. Gebrauchstauglichkeit vor. Die Struktur bzw. der Betrieb auf der Struktur darf uneingeschränkt weiter erfolgen.

Die in Kapitel 2.2.4 beschriebenen Zuverlässigkeiten und Versagenswahrscheinlichkeiten beziehen sich immer auf in Planung befindliche Bauten. Probabilistische Analysen werden in der Regel für existierende Tragwerke angewandt, welche seit Jahren bzw. Jahrzehnten in Betrieb sind und eine verkürzte geplante weitere Lebensdauer haben. Für diese Tragwerke erscheint eine Reduktion der maximalen veränderlichen Lasten (Windlast, Schneelast, usw.) als gerechtfertigt [73], [89].

Nach STEENBERGEN et. al [89] ist eine Abminderung der veränderlichen Einwirkungen für eine zielführende Beurteilung von bestehenden Objekten notwendig. Die Reduktion der Einwirkungen mittels einer Teilsicherheitsbeiwerteverkleinerung verursacht auch - bezogen auf den betrachteten Bezugszeitraum - eine Reduktion des Zuverlässigkeitsindex β.

Der reduzierte Zuverlässigkeitsindex β sollte bei Nachrechnungen von Bestandstragwerken als der zu erreichende Sollwert β betrachtet werden.

Neben dem reduzierten Zuverlässigkeitsindex, der sich auf einen reduzierten Betrachtungszeitraum und auf damit verbundene kleinere Einwirkungsgrößen bezieht (siehe Extremwertstatistik), ist auch folgende Überlegung wesentlich: Eine Erhöhung des

Zuverlässigkeitsindex β bei bereits bestehenden Objekten verursacht wesentlich höhere Kosten als die Erreichung eines Ziel-Zuverlässigkeitsniveaus bei in Planung befindlichen Objekten.

Die Unterteilung der Schadensfolgeklassen in drei weitere Gruppen, welche in Abhängigkeit von den Kosten stehen, erfolgt gemäß [31] aufgrund des Quotienten von Gesamtkosten (Konstruktionskosten plus direkt durch ein Versagen entstandene Kosten) zu Konstruktionskosten. Durch die Überlegung, für geringe Kosten zur Erhöhung der Zuverlässigkeit einen erhöhten Zuverlässigkeitsindex zu fordern, liefern hohe Kosten für die Reduktion der Versagenswahrscheinlichkeit einen verminderten Zuverlässigkeitsindex. Dies liefert, neben der bereits erwähnten Reduktion der veränderlichen Einwirkungen, den Grund einer Reduktion der Zielzuverlässigkeit für bestehende Tragwerke, da davon ausgegangen werden kann, dass eine Instandsetzung oder Sanierung eines bereits bestehenden Tragwerks mit relativ hohen Kosten verbunden ist und dadurch der Zuverlässigkeitsindex reduziert werden kann.

Aufbauend auf diese Überlegungen werden für Bestandstragwerke drei Zuverlässigkeitsindizes, welche an unterschiedliche Konsequenzen gekoppelt sind, definiert. Der Zuverlässigkeitsindex $β_l$ (l...low) definiert dabei die unterste zu erreichende Zuverlässigkeit. Eine Unterschreitung hat eine sofortige Sperre des Tragwerks zur Folge. Bei der Unterschreitung des Wertes $β_r$ (r...repair) darf das Objekt noch weiter betrieben werden, es hat jedoch eine Instandsetzungsanweisung an den Betreiber zu erfolgen. Dieser Sachverhalt kann durch folgende Ungleichung ausgedrückt werden:

$$β_l < β_r < β \qquad (2\text{-}9)$$

Die Definition der Größen von $β_l$ und $β_r$ erfolgt wie in [31] neben sicherheitsrelevanten auch aus ökonomischen Gesichtspunkten.

Tabelle 2-4 zeigt entsprechend [31] die Spannweite des Zuverlässigkeitsindex für die Schadensfolgeklasse CC 2 von β = 3,3 bis 4,4, wobei der untere Wert zwar der gleichen Konsequenzklasse zuzuordnen ist, jedoch hierbei die Kosten zur Einhaltung der Versagenswahrscheinlichkeit als „hoch" eingestuft werden.

Es wird abweichend von [31] davon ausgegangen, dass eine Erhöhung der Zuverlässigkeit für in Planung befindliche Objekte immer mit „relativ" niedrigen Kosten verbunden ist und sich dieser Kostenfaktor erst bei bestehenden Objekten erhöht. Somit wird als unterste Grenze der Zuverlässigkeit $β_l$ der in [31] vorgeschlagene Wert für die Schadensfolgeklasse CC 2 von β ≥ 3,3 für hohe Kosten zur Einhaltung der Zuverlässigkeit angenommen. Eine uneingeschränkte Nutzung ohne Ertüchtigung kann bis zu einer Zuverlässigkeit von $β_r$ ≥ 4,2 für „mittlere" Kosten erfolgen.

Mithilfe der Gleichung (2-6) und (2-7) können somit für unterschiedliche Lebensdauern folgende Zuverlässigkeitsindizes für bestehende Strukturen berechnet werden.

CC	Bezugs-zeitraum	β	$β_r$	$β_l$
2A	1 Jahr	4,70	4,20	3,30
2B	6 Jahre	~4,30	~3,80	~2,90
2C	12 Jahre	~4,20	~3,70	~2,80
2D	18 Jahre	~4,10	~3,60	~2,70
2E	24 Jahre	~4,00	~3,50	~2,60
2F	30 Jahre	~3,95	~3,55	~2,65
2G	36 Jahre	~3,90	~3,40	~2,50
2H	50 Jahre	3,80	3,30	~2,40

Tabelle 2-7: Zuverlässigkeitsindizes für bestehende Strukturen

Nach STEENBERGEN et al. [89] kann alternativ die obere und untere Grenze der Zuverlässigkeitsindizes $β_l$ und $β_r$ wie folgt definiert werden:

$$β_l = β - 1,5 \qquad (2\text{-}10)$$

$$β_r = β - 0,5 \qquad (2\text{-}11)$$

BERGMEISTER und SANTA [8] schlagen eine Abminderung des Zielzuverlässigkeitsindex für bestehende Brückenbauwerke in Abhängigkeit von der Überwachungsart, der Duktilität tragender Elemente, dem Systemverhalten – Robustheit und der Einwirkung vor. Die Thematik der reduzierten Lebensdauer und der erhöhten Kosten zur Erreichung einer Zielzuverlässigkeit wird hierbei außer Acht gelassen. Tabelle 2-8 zeigt die vorgeschlagenen Reduktionen des Zuverlässigkeitsindex.

BRAML entwickelte in [10] ein Bewertungssystem für bestehende Massivbrücken auf Grundlage von Bauwerksüberprüfungen. Das mit Hilfe probabilistischer Berechnungsverfahren entwickelte Bewertungssystem soll den Bauwerksprüfer bei der Beurteilung und Bewertung der Standsicherheit von geschädigten Stahlbetonbrücken unterstützen. Auf Grundlage von sichtbaren Tragwerksschädigungen wird hierbei auf einen vorhandenen Zuverlässigkeitsindex geschlossen.

Im Zuge dessen werden in [10] weitere, in den letzten Jahren erarbeitete, Vorschläge für eine Anpassung der Zielzuverlässigkeit von bestehenden Stahlbetonbrücken aufgezeigt.

Tragfähigkeit (ULS): $\beta = 4{,}7 - (\Delta_M + \Delta_D + \Delta_S + \Delta_L) \geq 3{,}5$
Gebrauchstauglichkeit (SLS): $\beta = 3{,}0 - (\Delta_M + \Delta_D + \Delta_S + \Delta_L) \geq 1{,}7$

Monitoring	Δ_M
kontinuierliche Kontrolle der kritischen Elemente	0,5
jährliche Kontrolle der kritischen Elemente bei denen eine sichtbare Vorwarnung erfolgt	0,25
jährliche Kontrolle der kritischen Elemente bei denen keine sichtbare Vorwarnung erfolgt	0,1
Kontrolle alle zwei Jahre	0
Duktilität	Δ_D
hohe Duktilität	0,5
geringe Duktilität	0
Systemverhalten – Robustheit	Δ_S
hohe Robustheit, Elementversagen führt zu Systemwechsel – System zeigt ein redundantes Verhalten	0,5
mittlere Robustheit, mehrere Elemente müssen versagen, damit Kollaps eintritt	0,25
geringe Robustheit, Versagen eines Elements führt sofort zum Kollaps	0
Einwirkungen	Δ_L
Normbelastung	0
Sondertransporte – seltenes Ereignis (z.B. 1 mal pro Jahr; maximal 20% über Normbelastung	0,1
seltene und gleichzeitig wirkende Einwirkungen (Sondertransporte + z.B. Wind bzw. Schnee)	0,2

Tabelle 2-8: Zielzuverlässigkeit für bestehende Objekte im Grenzzustand der Gebrauchstauglichkeit und im Grenzzustand der Tragfähigkeit für einen Bezugszeitraum von einem Jahr gemäß [8]

3 Grundlagen der Stochastik und Berechnungsmethoden der Zuverlässigkeit im Ingenieurbau

Wie bereits in Kapitel 2 kurz erläutert, wird in der vorliegenden Arbeit die Zuverlässigkeit bzw. die Versagenswahrscheinlichkeit von bestehenden Brückentragwerken untersucht. Tabelle 2-2 zeigt, dass man sich hierfür probabilistischer Berechnungsmethoden, bei denen die Basisvariablen als Verteilungsfunktionen in die Tragwerksanalyse eingehen, bedient. Folgendes Kapitel soll einen Überblick über die im Bauwesen wichtigsten Verteilungsfunktionen stetiger Zufallsvariablen liefern.

Weiters werden auch mögliche Verfahren zur Zuverlässigkeitsbeurteilung im Bauwesen aufgezeigt und es wird auf ihre Praxistauglichkeit hingewiesen.

Für eine umfassendere Beschreibung der Zuverlässigkeitstheorie im Bauwesen sei an dieser Stelle auf MELCHERS [44], RACKWITZ [76], SPAETHE [88] und PLATE [75] verwiesen.

3.1 Verteilungsfunktionen stetiger Zufallsvariablen

Zur Berechnung der Versagenswahrscheinlichkeit p_f eines Systems ist es notwendig, Grenzzustände in Abhängigkeit von Geometrie, Material und Belastung zu definieren. Diese Berechnungsparameter werden im Allgemeinen als Basisvariablen bezeichnet. Die Basisvariablen stellen im Gegensatz zu deterministischen Berechnungsmethoden Zufallsgrößen dar, deren genaue Größe nicht bekannt ist und die einen zufälligen Wert in einem endlichen oder unendlichen Intervall annehmen können.

Allgemein versteht man unter einer Zufallsvariable eine Funktion, die Elemente einer Ereignismenge eines Zufallsexperimentes reellen Zahlen zuordnet. Diese Zufallsvariablen sind somit keine herkömmlichen Variablen sondern Funktionen, mit denen ein Zufallsexperiment mathematisch beschrieben werden kann [39].

$F_x(x)$ ist dabei die Verteilungsfunktion einer Zufallsvariablen X und stellt die Wahrscheinlichkeit P dar, mit der ein Ereignis x_i im Intervall $-\infty$ und x eintritt (vgl. Gleichung (3-1)). $f_x(x)$ ist hierbei die Wahrscheinlichkeitsdichtefunktion der Zufallsvariablen X, kurz Verteilungsdichte.

$$F_x(x) = \int_{-\infty}^{x} f_x(x)dx \qquad (3\text{-}1)$$

Diese Wahrscheinlichkeit kann auch folgendermaßen dargestellt werden:

$$P(\alpha \leq X \leq \beta) = \int_{\alpha}^{\beta} f_x(x)dx = F_x(\beta) - F_x(\alpha) \qquad (3\text{-}2)$$

Es ist dabei zu beachten, dass die Eintrittswahrscheinlichkeit eines beliebig exakten

Wertes gleich Null ist, da das Integral ebenfalls Null wird. Für stetige Zufallsvariablen können daher nur Eintrittswahrscheinlichkeiten in Werteintervallen bestimmt werden. Verteilungsfunktionen $F_x(x)$ sind weiters mit folgenden Eigenschaften behaftet (vgl. [39]):

1. $0 \leq F_x(x) \leq 1, -\infty \leq x \leq +\infty$ (3-3)

2. $F_x(x)$ ist eine monoton nicht fallende Funktion und somit gilt für beliebige $x_1 < x_2$, dass $F_x(x_1) < F_x(x_2)$ (3-4)

3. $lim_{x \to +\infty} F_x(x) = F_x(+\infty) = 1$, da $\{X \leq +\infty\}$ ein sicheres Ereignis ist (3-5)

4. $lim_{x \to -\infty} F_x(x) = F_x(-\infty) = 0$, da $\{X \leq -\infty\}$ mit Sicherheit nicht eintritt (3-6)

5. $P(\alpha < X \leq \beta) = P(X \leq \beta) - P(X \leq \alpha) = F_x(\beta) - F_x(\alpha)$ (3-7)

Durch die Einführung der Verteilungsfunktion ist es möglich, eine Vielzahl von Wahrscheinlichkeitsfragen in Funktionsanalysen umzuwandeln und diese mit Hilfe der Integral- und Differenzialrechnung zu lösen.

Vereinfachend wird in den meisten Fällen zur Beschreibung der Zufallsgröße nicht die Funktion als solche beschrieben, sondern durch aussagekräftige Kenngrößen definiert. Diese Kenngrößen sollen dabei möglichst viel Information über die Zufallsgröße vermitteln. Die wichtigsten Kenngrößen sind dabei die statistischen Momente einer Verteilungsfunktion.

Der Mittelwert μ_x oder Erwartungswert $E(X)$ stellt dabei das 1. Moment dar und ist wie folgt definiert:

$$E(X) = \mu_x = \int_{-\infty}^{\infty} x\, f_x(x) dx \qquad (3\text{-}8)$$

Betrachtet man die Verteilungsdichte $f_x(x)$ so ist der Mittelwert μ_x der Schwerpunkt der Fläche darunter.

Als 2. statistisches Moment gilt die Varianz σ^2, die als durchschnittliche quadratische Abweichung vom Mittelwert beschrieben werden kann.

$$\sigma_x^2 = Var(X) = E((X - \mu_x)^2) = \int_{-\infty}^{\infty} (x - \mu_x)^2 f_x(x) dx \qquad (3\text{-}9)$$

Aus den ersten beiden Momenten werden in weiterer Folge die Standardabweichung σ_x und der Variationskoeffizient CoV wie folgt abgeleitet:

$$\sigma_x = \sqrt{\sigma_x^2} \qquad (3\text{-}10)$$

$$CoV = \frac{\sigma_x}{\mu_x} \qquad (3\text{-}11)$$

Eine Übersicht über die im Ingenieurbau am häufigsten verwendeten Verteilungsfunktionen zur Beschreibung der Basisvariablen gemäß [104] kann Tabelle 3-1 entnommen werden:

Verteilungsfunktion	Zufallsvariable
Normalverteilung	ständige Lasten Festigkeitsgrößen als Resultat von Mittellösungsvorgängen Abmessungen
Lognormalverteilung	Festigkeitsgrößen
Weibull - Verteilung	Festigkeitsgrößen bei sprödem Verhalten Lebensdauer bei Ermüdung
Gumbel – Verteilung	Extremwerte für Lasten (Einzelwerte für die Extremwerte weisen einen großen Umfang auf)
Gammaverteilung	augenblickliche Verkehrslasten (Einzelwerte für die Extremwerte weisen einen geringen Umfang auf)

Tabelle 3-1: Verteilungsfunktionen der Basisvariablen im konstruktiven Ingenieurbau gemäß [104]

In den folgenden Kapiteln erfolgt eine kurze Beschreibung der wichtigsten Verteilungen im Bauwesen. Für eine detailliertere Ausführung sei an dieser Stelle auf LIU [39], MELCHERS [44], RACKWITZ [76], SPAETHE [88] und PLATE [75] verwiesen.

3.1.1 Normalverteilung, N (μ; σ)

Die Normalverteilung gilt als eine der wichtigsten und am häufigsten anzutreffenden Verteilungen in der Statistik. Grund dafür ist auch die Tatsache, dass in der Natur und Technik vorkommende Größen häufig als normalverteilt beobachtet werden. Es ist darauf hinzuweisen, dass die Anwendung der Normalverteilung in manchen Fällen aufgrund ihres Wertebereichs über alle reellen Zahlen nicht zu vertreten wäre. Jedoch liegen 99,7% aller Werte nur im Bereich von $\pm 3\sigma$ um den Mittelwert.

Die Verteilungsdichte $f_x(x)$ und die Verteilungsfunktion $F_x(x)$ der Normalverteilung mit dem Mittelwert μ_x und der Standardabweichung σ_x können wie folgt definiert werden:

$$f_x(x) = \frac{1}{\sigma_x\sqrt{2\pi}} exp\left(-\frac{1}{2}\left(\frac{x-\mu_x}{\sigma_x}\right)^2\right) \qquad (3\text{-}12)$$

$$F_x(x) = \frac{1}{\sigma_x\sqrt{2\pi}} \int_{-\infty}^{x} exp\left(-\frac{1}{2}\left(\frac{x-\mu_x}{\sigma_x}\right)^2\right) dx \qquad (3\text{-}13)$$

Führt man eine beliebige Zufallsvariable mit

$$Y = \frac{X - \mu_x}{\sigma_x} \tag{3-14}$$

in eine standardisierte Zufallsgröße über, so erhält man die Verteilungsdichte und die Verteilungsfunktion der Standardnormalverteilung mit:

$$\varphi(y) = \frac{1}{\sqrt{2\pi}} exp\left(-\frac{y^2}{2}\right) \tag{3-15}$$

$$\Phi(y) = \frac{1}{\sqrt{2\pi}} \int_{-\infty}^{y} exp\left(-\frac{y^2}{2}\right) dy \tag{3-16}$$

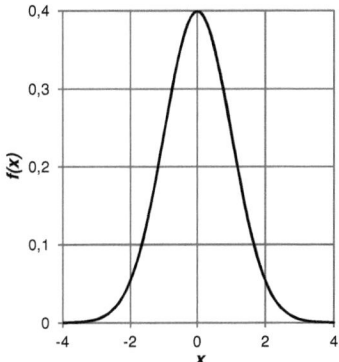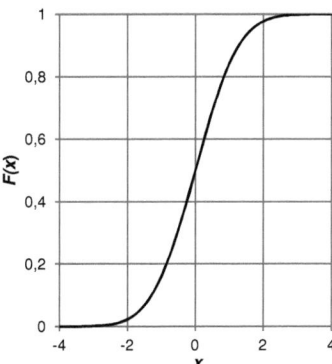

Abbildung 3-1: Verteilungsdichte und Verteilungsfunktion der Standardnormalverteilung, N (0; 1)

Die Normalverteilung wird bevorzugt als mathematisches Modell für streuende Basisvariablen verwendet, obgleich wie bereits beschrieben in manchen Fällen für die Praxis unmögliche Werte aufgrund des Wertebereichs resultieren können (negative Raumgewichte oder Festigkeitsgrößen). Der dadurch entstehende Fehler wächst mit zunehmendem Variationskoeffizienten an. In manchen Fällen ist es daher notwendig, den Wertebereich zu limitieren, sodass ein definierter Wert mit der Wahrscheinlichkeit 1 nicht unterschritten wird (vgl. [88]).

3.1.2 Logarithmische Normalverteilung, LN (λ; ε)

Diese Verteilung besitzt einen engen Zusammenhang mit der in Kapitel 3.1.1 beschriebenen Normalverteilung. Eine Zufallsgröße ist dann logarithmisch normalverteilt, wenn ihr Logarithmus

$Y = \ln X$ (3-17)

normalverteilt ist.

Die Verteilungsdichte $f_x(x)$ und die Verteilungsfunktion $F_x(x)$ der logarithmischen Normalverteilung, kurz Lognormalverteilung, mit dem Mittelwert μ_x und der Standardabweichung σ_x können wie folgt definiert werden:

$$f_x(x) = \frac{1}{x\,\varepsilon\sqrt{2\pi}} exp\left(-\frac{1}{2}\left(\frac{\ln x - \lambda}{\varepsilon}\right)^2\right) = \frac{1}{x\,\varepsilon}\,\varphi\left(\frac{\ln x - \lambda}{\varepsilon}\right)$$ (3-18)

$$F_x(x) = \frac{1}{\varepsilon\sqrt{2\pi}} \int_0^x \frac{1}{x} exp\left(-\frac{1}{2}\left(\frac{\ln x - \lambda}{\varepsilon}\right)^2\right) dx = \Phi\left(\frac{\ln x - \lambda}{\varepsilon}\right)$$ (3-19)

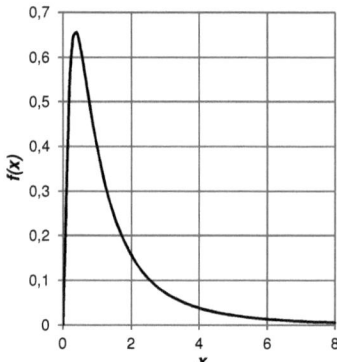
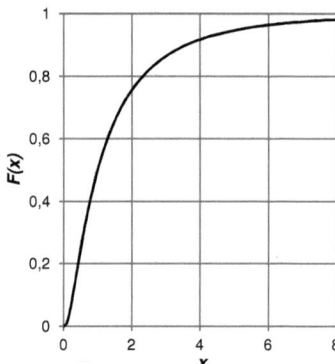

Abbildung 3-2: Verteilungsdichte und Verteilungsfunktion der Lognormalverteilung, LN (0; 1)

Eine logarithmisch normalverteilte Zufallsgröße besitzt den Wertebereich $A = (0, \infty)$ und kann somit keine negativen Werte annehmen.

Die Parameter λ und ε sowie die ersten zwei Momente μ_x und σ_x der Lognormalverteilung lauten:

$\lambda = \mu_{\ln x}$ (3-20)

$\varepsilon = \sigma^2_{\ln x}$ (3-21)

$\mu_x = exp\left(\lambda + \frac{1}{2}\varepsilon^2\right)$ (3-22)

$\sigma_x^2 = \mu_x^2\,[exp(\varepsilon^2) - 1]$ (3-23)

Es besteht die Möglichkeit die Lognormalverteilung zu verallgemeinern, sodass deren unterer Endpunkt nicht bei $x = 0$, sondern bei einem beliebigen positiven Wert $x = x_0$ liegt. Die Verteilungsdichte und die Verteilungsfunktion dieser Verteilung lauten wie folgt:

$$f_x(x) = \frac{1}{(x - x_0)\,\varepsilon}\, \varphi\left(\frac{\ln(x - x_0) - \lambda}{\varepsilon}\right) \qquad (3\text{-}24)$$

$$F_x(x) = \Phi\left(\frac{\ln(x - x_0) - \lambda}{\varepsilon}\right) \qquad (3\text{-}25)$$

Die in den Gleichungen (3-24) und (3-25) dargestellte Form der verallgemeinerten Lognormalverteilung besitzt diese drei Parameter und kann somit sehr vielfältig für Festigkeiten oder andere Materialeigenschaften angewandt werden.

3.1.3 Extremwertverteilungen

Im Ingenieurwesen und speziell bei der Beurteilung der Zuverlässigkeit von Ingenieurtragwerken spielen Extremwerte (Maxima, Minima) eine bedeutende Rolle. Das wären zum Beispiel die Größtwerte von Lasten und die Kleinstwerte von Festigkeiten während einer Nutzungsdauer.

Für die Zuverlässigkeitsbewertung sind infolgedessen zwei Typen der Extremwertverteilungen von Bedeutung:

Typ I Gumbel – Verteilung, EV I (a; u)

Die Gumbel- oder Doppelexponentialverteilung ist in beide Richtungen unbegrenzt. Für Größtwerte sind die Verteilungsfunktion $F_x(x)$ und die Verteilungsdichte $f_x(x)$ gegeben durch:

$$f_x(x) = a\,\exp[-a\,(x - u) - \exp(-a(x - u))] \qquad (3\text{-}26)$$

$$F_x(x) = \exp\left(-\exp(-a(x - u))\right) \qquad (3\text{-}27)$$

mit den zwei Parametern

$$u = \mu_x - \frac{\gamma\sqrt{6}}{\pi}\,\sigma_x \qquad (3\text{-}28)$$

$$a = \frac{\pi}{\sigma_x\sqrt{6}} \qquad (3\text{-}29)$$

und

$$\gamma = 0{,}57721 \quad (= Eulersche\ Zahl) \qquad (3\text{-}30)$$

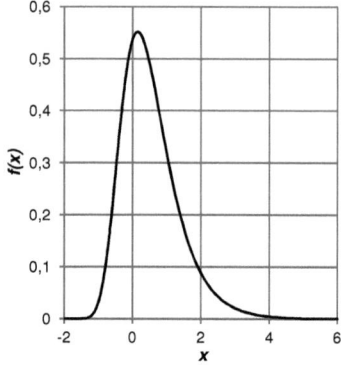
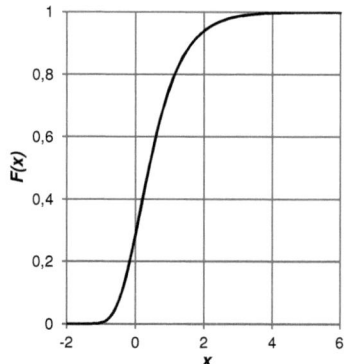

Abbildung 3-3: Verteilungsdichte und Verteilungsfunktion der Gumbel – Verteilung, EV I (1,5; 0,15)

Die Gumbel - Verteilung wird in der Zuverlässigkeitstheorie oft zur Darstellung von in längeren Zeitintervallen auftretenden Belastungen verwendet.

Typ III Weibull – Verteilung, EV III (x_0; λ; k)

Die Weibull – Verteilung wird in Richtung der wichtigen Extremwerte mit dem Wert x_0 begrenzt und ist in gegengesetzter Richtung unbegrenzt.

Größtwerte besitzen somit folgende Verteilungsdichte $f_x(x)$ bzw. Verteilungsfunktion $F_x(x)$ für -∞ < x ≤ x_0 und λ, k > 0:

$$f_x(x) = \lambda\, k\, (x_0 - x)^{k-1} exp[-\lambda\, (x_0 - x)^k] \qquad (3\text{-}31)$$

$$F_x(x) = exp\, (-\lambda(x_0 - x)^k) \qquad (3\text{-}32)$$

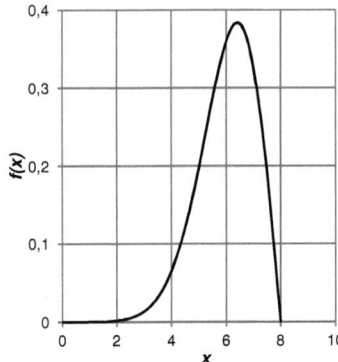
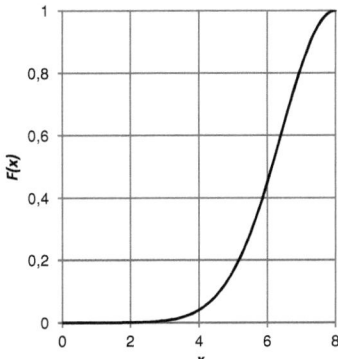

Abbildung 3-4: Verteilungsdichte und Verteilungsfunktion der Weibull - Verteilung, EV III (8; 0,2; 2)

Die Weibull – Verteilung dient mitunter zur Darstellung von Lasten mit definierten oberen Grenzwerten und zur Modellierung von Festigkeitseigenschaften verwendeter Materialien. Der Grenzwert x_0 wird dabei großteils experimentell bestimmt.

3.1.4 Gammaverteilung, G (α; β)

Die Gammaverteilung bringt eine große Vielfalt von schief verteilten Verteilungsfunktionen mit sich. Die Verteilungsdichte der Gammaverteilung steht in Abhängigkeit zur Gammafunktion

$$\Gamma(\alpha) = \int_0^\infty x^{\alpha-1} \exp(-x) \, dx \qquad (3\text{-}33)$$

für α > 0 und ist wie folgt definiert:

$$f_x(x, \alpha, \beta) = \frac{1}{\beta^\alpha \Gamma(\alpha)} x^{\alpha-1} \exp\left(\frac{-x}{\beta}\right) \qquad f\ddot{u}r\ x > 0 \qquad (3\text{-}34)$$

$$f_x(x, \alpha, \beta) = 0 \qquad sonst \qquad (3\text{-}35)$$

Der Parameter α > 0 definiert die Form der Gammaverteilung und β > 0 skaliert die Gammaverteilung. Die Gammaverteilung wird im Ingenieurwesen zur Verteilung der Nutzlast verwendet.

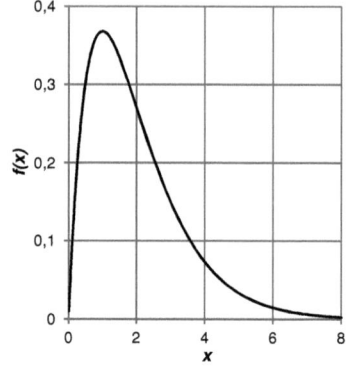 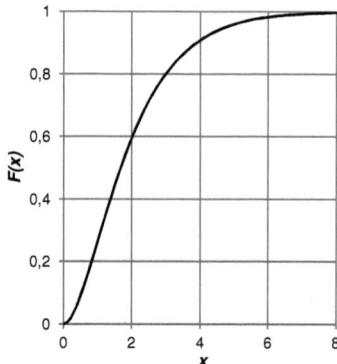

Abbildung 3-5: Verteilungsdichte und Verteilungsfunktion der Gammaverteilung, GV (2; 1)

3.2 Methoden zur Berechnung der Zuverlässigkeit im Ingenieurbau

Bevor auf die unterschiedlichen Verfahren zur Berechnung der Versagenswahrscheinlichkeit eingegangen wird, wird der Begriff des Sicherheits- oder Zuverlässigkeitsindex β nach CORNELL [15] erläutert.

3.2.1 Definition des Zuverlässigkeitsindex β

Das in [15] vorgestellte Verfahren geht von der Grenzzustandsgleichung gemäß Gleichung (2-5) aus. Für die weitere Berechnung des Zuverlässigkeitsproblems wird zusätzlich noch der Begriff der Sicherheitsmarge

$$M = R - E \qquad (3\text{-}36)$$

eingeführt.

Da für die Variablen R und E die Bedingung der Normalverteilung gilt, ist die Sicherheitsmarge ebenfalls normalverteilt.

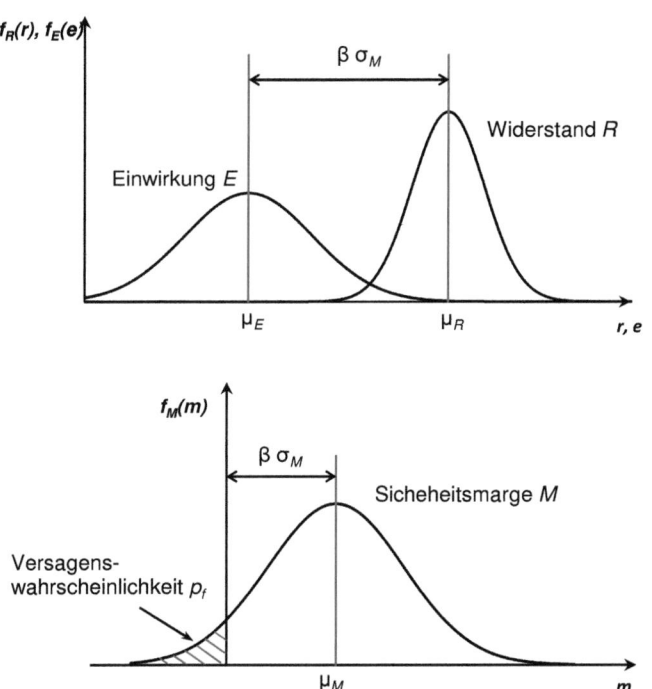

Abbildung 3-6: Verteilungsdichte der Einwirkung E und des Widerstandes R (oben) sowie die Verteilungsdichte der Sicherheitsmarge M (unten)

Mit den allgemein gültigen Rechenregeln der Statistik [84] ergeben sich somit folgende statistische Parameter für die Sicherheitsmarge:

$$\mu_M = \mu_R - \mu_E \qquad (3\text{-}37)$$

$$\sigma_M = \sqrt{\sigma_R^2 + \sigma_E^2} \qquad (3\text{-}38)$$

Der Sicherheitsindex β nach CORNELL [15], in weitere Folge Zuverlässigkeitsindex genannt, errechnet sich demnach folgendermaßen:

$$\beta = \frac{\mu_M}{\sigma_M} \qquad (3\text{-}39)$$

Der Zuverlässigkeitsindex beschreibt somit den Faktor, mit dem die Standardabweichung σ_M multipliziert werden muss, damit der Nullpunkt erreicht wird. Die Versagenswahrscheinlichkeit entspricht damit der Wahrscheinlichkeit, dass $M < 0$ wird.

Die Versagenswahrscheinlichkeit ist somit

$$p_f = \Phi(-\beta) \qquad (3\text{-}40)$$

Neben dem Zuverlässigkeitsindex selbst spielen auch die sogenannten Wichtungsfaktoren α_i eine wesentliche Rolle. Diese Faktoren geben wieder, mit welchem Gewicht die jeweilige Variable am Wert der Versagenswahrscheinlichkeit p_f beteiligt ist. Sie können folgendermaßen berechnet werden:

$$\alpha_R = \frac{\sigma_R}{\sqrt{\sigma_R^2 + \sigma_E^2}} \qquad (3\text{-}41)$$

$$\alpha_E = \frac{\sigma_E}{\sqrt{\sigma_R^2 + \sigma_E^2}} \qquad (3\text{-}42)$$

Weiters gilt für die Wichtungsfaktoren:

$$\alpha_R^2 + \alpha_E^2 = 1 \qquad (3\text{-}43)$$

Diese Ermittlung des Zuverlässigkeitsindex nach CORNELL [15] lässt sich folgendermaßen in eine Bemessungsgleichung überführen: Mit der eingeführten Forderung, dass

$$\beta \geq \beta_0 , \qquad (3\text{-}44)$$

wobei β_0 eine zu erreichende Zielzuverlässigkeit darstellt, lässt sich die Bemessungsgleichung folgendermaßen weiterentwickeln (SCHNEIDER [84]):

$$\mu_R - \mu_E \geq \beta_0 \, \alpha_R \, \sigma_R + \beta_0 \, \alpha_E \, \sigma_E \qquad (3\text{-}45)$$

Das Ordnen der Terme nach *R* und *E* führt zu:

$$\mu_R - \beta_0 \alpha_R \sigma_R \geq \mu_E + \beta_0 \alpha_E \sigma_E \qquad (3\text{-}46)$$

$$\mu_R (1 - \beta_0 \alpha_R v_R) \geq \mu_E (1 + \beta_0 \alpha_E v_E) \qquad (3\text{-}47)$$

Vereinfachend lässt sich die Gleichung (3-47) wie folgt darstellen:

$$r^* \geq s^* \qquad (3\text{-}48)$$

Gleichung (3-48) besagt dabei, dass der Bemessungswert des Widerstandes r^* größer oder gleich dem Bemessungswert der Einwirkung s^* sein muss. Diese Bemessungswerte sind im Allgemeinen die Koordinaten des Bemessungspunktes (vgl. SCHNEIDER [84]).

Die Klammerausdrücke in Gleichung (3-47) bilden dabei die Sicherheitsfaktoren, welche in Abhängigkeit zur Zielzuverlässigkeit, der Standardabweichung, dem Wichtungsfaktor und auch der Variablen stehen.

Die Berechnung des Zuverlässigkeitsindex nach CORNELL [15] beinhaltet jedoch einen grundlegenden Nachteil. Aufgrund der Möglichkeit, einen Grenzzustand in unterschiedlichen mathematisch äquivalenten Formulierungen darzustellen, resultieren in Abhängigkeit der Formulierung unterschiedliche Sicherheitsindizes β.

HASOFER und LIND [27] lösten das Invarianzproblem, indem sie die Grenzzustandsgleichung in den sogenannten Standardraum transformierten. Dieses Verfahren der Bestimmung des Zuverlässigkeitsindex bildet heute die anerkannte Grundlage für die Zuverlässigkeitstheorie im Bauwesen.

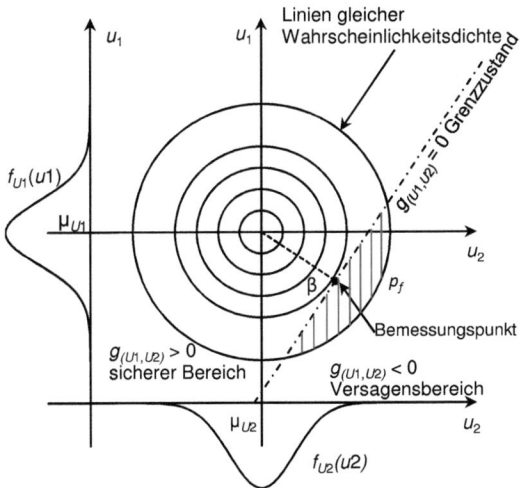

Abbildung 3-7: Darstellung des Zuverlässigkeitsindex β_{HL} nach HASOFER und LIND [27] im standardisierten Raum

Die Vorgehensweise zur Bestimmung von β_{HL} wird in der Folge schrittweise dargestellt.

1. Die Zufallsvariablen R und E werden auf U1 und U2 standardisiert.

$$U_1 = \frac{R - \mu_R}{\sigma_R} \quad \rightarrow \quad R = U_1 \sigma_R + \mu_R \tag{3-49}$$

$$U_2 = \frac{E - \mu_E}{\sigma_E} \quad \rightarrow \quad E = U_2 \sigma_E + \mu_E \tag{3-50}$$

Dadurch besitzen die Variablen den Mittelwert 0 und die Standardabweichung 1.

2. Definition der Grenzzustandsgleichung

$$\widetilde{G} = R - E = (U_1 \sigma_R + \mu_R) - (U_2 \sigma_E + \mu_E) = 0 \tag{3-51}$$

$$\widetilde{G} = R - E = (\mu_R - \mu_E) + U_1 \sigma_R - U_2 \sigma_E = 0 \tag{3-52}$$

3. Umformen in die Hessesche Normalform

$$\frac{ax + bx + c}{\sqrt{a^2 + b^2}} = 0 \tag{3-53}$$

führt zu:

$$U_2 \frac{\sigma_E}{\sqrt{\sigma_R^2 + \sigma_E^2}} - U_1 \frac{\sigma_R}{\sqrt{\sigma_R^2 + \sigma_E^2}} - \frac{(\mu_R - \mu_E)}{\sqrt{\sigma_R^2 + \sigma_E^2}} = 0 \tag{3-54}$$

Der kürzeste Abstand der Grenzzustandsgeraden zum Ursprung ist somit mit

$$\beta_{HL} = \frac{(\mu_R - \mu_E)}{\sqrt{\sigma_R^2 + \sigma_E^2}} \tag{3-55}$$

definiert.

Die Faktoren der Variablen U_1 und U_2 stellen dabei den Richtungskosinus der Normalen auf die Grenzzustandsgerade sowie die Wichtungsfaktoren α_i dar.

$$\frac{\sigma_R}{\sqrt{\sigma_R^2 + \sigma_E^2}} = \cos \gamma_R = \alpha_R \tag{3-56}$$

$$\frac{\sigma_E}{\sqrt{\sigma_R^2 + \sigma_E^2}} = \cos \gamma_E = \alpha_E$$

4. Berechnung der Versagenswahrscheinlichkeit

Die Berechnung der Versagenswahrscheinlichkeit erfolgt abschließend direkt durch:

$$p_f = \Phi(-\beta) \tag{3-57}$$

Dabei gilt: φ = Verteilungsfunktion der standardisierten Normalverteilung.

Die Berechnung des Zuverlässigkeitsindex β_{HL}, in weiterer Folge nur noch β, gilt als exakt für normalverteilte unkorrelierte Basisvariablen.

Im Falle von nicht linearen Grenzzustandsfunktionen oder einem Übergang von normalverteilten Basisvariablen auf beliebig verteilte Basisvariablen stellt dieses Verfahren eine gute Näherung dar [84].

In nachfolgender Tabelle sei noch kurz der Zusammenhang zwischen dem Zuverlässigkeitsindex β und der Versagenswahrscheinlichkeit p_f für normalverteilte Basisvariablen dargestellt.

Zuverlässigkeitsindex β	Versagenswahrscheinlichkeit p_f
0,00	5,0 10^{-1}
1,00	1,6 10^{-1}
1,50	6,7 10^{-2}
2,00	2,3 10^{-2}
2,50	6,2 10^{-3}
3,00	1,3 10^{-3}
3,50	2,3 10^{-4}
3,80	7,2 10^{-5}
4,00	3,2 10^{-5}
4,50	3,4 10^{-6}
4,70	1,3 10^{-6}
4,90	4,8 10^{-7}

Tabelle 3-2: Zusammenhang zwischen p_f und β für normalverteilte Basisvariablen

3.2.2 Zuverlässigkeitsberechnung mit Hilfe der „First Order Reliability Method" (FORM)

Für die Anwendung der Zuverlässigkeitstheorie 1. Ordnung (FORM) sei vorausgesetzt, dass für die Basisvariablen Informationen über deren Verteilungstyp vorhanden sind oder zumindest hinreichend genau abgeschätzt werden können. Zur Berechnung der Zuverlässigkeit müssen nicht normalverteilte korrelierte Basisvariablen X_i in unkorrelierte normalverteilte Basisvariablen Y_i überführt werden. „Bei der Transformation sollen die Wahrscheinlichkeiten einander entsprechenden Punkte gleich sein, so daß für alle Basisvariablen und für alle Punkte gelten muß"[88]:

$$F_{Xi}(xi) = \Phi(y_i) \quad i = 1,2, \dots, m \qquad (3\text{-}58)$$

Aus Gleichung (3-58) folgen weiter die Transformationsbeziehungen

$$x_i = F_{Xi}^{-1}(\Phi(y_i)) \qquad (3\text{-}59)$$

oder

$$y_i = \Phi^{-1}(F_{Xi}(x_i)) \quad i = 1,2,\ldots,m \quad (3\text{-}60)$$

mit:

F_{Xi} = Verteilungsfunktion der Basisvariablen X_i
F_{Xi}^{-1} = inverse Verteilungsfunktion der Basisvariablen X_i
Φ^{-1} = inverse Funktion der standardisierten Normalverteilung

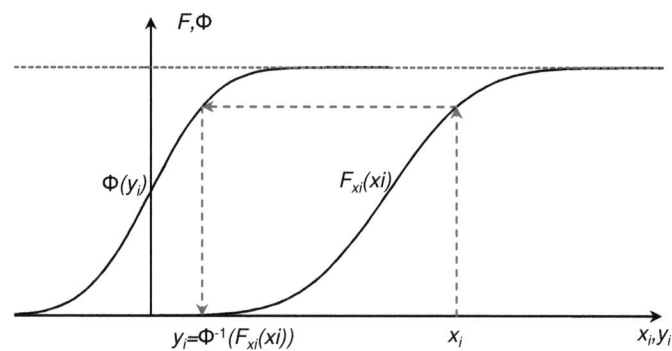

Abbildung 3-8: Darstellung der Transformation gemäß Gleichung (3-60)

Abbildung 3-8 zeigt die Transformation der Basisvariablen gemäß Gleichung (3-60).

Durch die Transformation sind alle Basisvariablen unabhängig, standardisiert und normalverteilt. Wird in einem weiteren Schritt die Transformationsgleichung (3-59) in die Grenzzustandsfunktion

$$g(x) = g(x_1, x_2, \ldots, x_m) = 0 \quad (3\text{-}61)$$

eingesetzt, so erhält man

$$g\left(F_{x1}^{-1}(\Phi(y_1)), \ldots, F_{xm}^{-1}(\Phi(y_m))\right) = 0 \quad (3\text{-}62)$$

oder vereinfacht geschrieben:

$$h(y) = h(y_1, y_2, \ldots, y_m) = 0 \quad (3\text{-}63)$$

h(y) beschreibt eine Hyperfläche, welche den *m* – dimensionalen Raum in einen sicheren und einen unsichern Bereich teilt.

Die Transformation für stochastisch abhängige bzw. nicht normalverteilte Basisvariablen erfolgt über die Rosenblatt – Transformation [80] und die Nataf – Transformation [46].

Das Näherungsverfahren 1. Ordnung besteht nun darin, dass die Grenzzustandsfunktion *h(y)* durch eine Tangentialebene *l(y)* im Bemessungspunkt ersetzt wird. Der Bemessungspunkt ist dabei jener Punkt auf der Grenzzustandsebene *h(y)* = 0, der dem

Koordinatenursprung am nächsten liegt und somit die größte Verteilungsdichte besitzt.

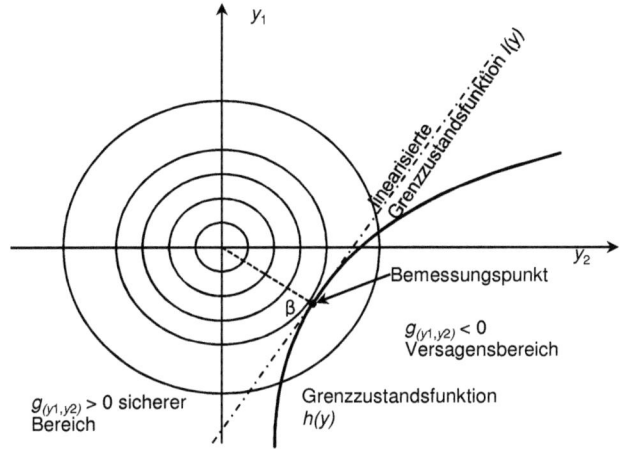

Abbildung 3-9: Darstellung der linearisierten Grenzzustandsfunktion im Standardnormalraum

Die Gleichung der Tangentialebene $l(y)$ erhält man, indem die Grenzzustandsfunktion $h(y)$ in eine Taylorreihe, bei alleiniger Berücksichtigung der linearen Glieder, entwickelt wird. Voraussetzung dafür ist eine stetige und zumindest einmal differenzierbare Grenzzustandsgleichung h in der Umgebung des Bemessungspunktes.

Für den linearisierten Grenzzustand $l(y)$ gilt für die Versagenswahrscheinlichkeit Gleichung (3-57). Für den Originalbereich $h(y) < 0$ bzw. $g(x) < 0$ gilt Gleichung (3-57) als Näherung der Versagenswahrscheinlichkeit. Diese Näherung ist speziell im Bereich kleiner Versagenswahrscheinlichkeiten p_f, wie es im Ingenieurwesen der Fall ist, hinreichend genau.

Für eine ausführlichere Darstellung der verschiedenen Lösungsalgorithmen sei an dieser Stelle auf SPÄTHE [88] verwiesen.

3.2.3 Zuverlässigkeitsberechnung mit Hilfe der „Second Order Reliability Method" (SORM)

Bei der Berechnung mit Hilfe der „Second Order Reliability Method" (SORM) wird die Grenzzustandsfunktion $g(x)$ im Bemessungspunkt durch eine Funktion bzw. Fläche zweiter Ordnung approximiert. Die Krümmung der angenäherten Grenzzustandsfunktion erhält man durch Berücksichtigung der quadratischen Glieder der Taylorreihenentwicklung.

Für die approximierten Grenzzustandsflächen werden in den meisten Fällen Paraboloide mit dem Bemessungspunkt als Mittelpunkt verwendet (vgl. MELCHERS [44]).

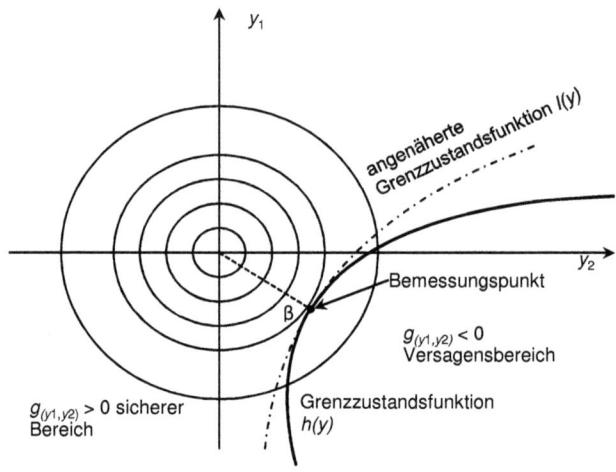

Abbildung 3-10: Darstellung der Second Order Reliability Method

Da die Berechnung der Zuverlässigkeit durch die SOR – Methode im Ingenieurwesen eine eher untergeordnete Rolle spielt und zu erhöhten Rechenzeiten für komplexe Grenzzustandsfunktionen führt, wird diese hauptsächlich als Kontrolle der FOR – Methode verwendet. Es sei daher an dieser Stelle für eine detailliertere Beschreibung auf SPÄTHE [88] und MELCHERS [44] verwiesen.

3.2.4 Zuverlässigkeitsberechnung mit Hilfe von Simulationsverfahren

Die in Kapitel 3.2.2 und 3.2.3 beschriebenen Verfahren zur Ermittlung der Zuverlässigkeit von Systemen werden gelöst, indem diese in analytische Problemstellungen überführt werden und dafür exakte oder approximierte Lösungen berechnet werden. Bei den Simulationsverfahren wird die Zuverlässigkeit eines Systems mit Hilfe einer Vielzahl an Einzelberechnungen durchgeführt.

3.2.4.1 Monte Carlo Methode

Bei der Monte Carlo Methode oder auch Monte Carlo Simulation wird die Berechnung der Zuverlässigkeit mit Hilfe statistischer Mittel bewerkstelligt. Im Allgemeinen kann die Vorgehensweise folgendermaßen beschrieben werden:

Es wird eine Zufallsgröße

$$Z = g(X_1, X_2, \ldots X_m) \tag{3-64}$$

als Funktion einer Reihe von Basisvariablen X_n mit den Verteilungsfunktionen F_n gesucht.

Aus den Basisvariablen werden sogenannte Zufallszahlen x_n auf Grundlage der Verteilungen F_n ermittelt. Methoden zur Ermittlung dieser Zufallsvariablen sind in SPÄTHE [88] oder MELCHERS [44] beschrieben. Zur Lösung der Gleichung (3-64) wird ein Satz der Zufallszahlen in diese eingesetzt. Als Resultat erhält man eine Zufallszahl z_i der zu ermittelnden Zufallsgröße Z. Durch wiederholtes Berechnen erhält man so eine Anzahl an Zufallszahlen z_i, welche nachfolgend mit statistischen Mitteln ausgewertet werden können.

Die Ermittlung der Zufallsgröße ist somit theoretisch einfach zu lösen, jedoch erfordert diese Methode einen hohen Berechnungsaufwand.

Zur Berechnung der Versagenswahrscheinlichkeit werden nach den Berechnungen der Zufallszahlen z_i zunächst die Versagensfälle $Z < 0$ gezählt und anschließend folgendermaßen ermittelt:

$$p_f \approx \frac{z_0}{N} \tag{3-65}$$

mit:

z_0 = Anzahl der Versagensfälle

N = Anzahl der Simulationen

Der Variationskoeffizient (CoV) für im Ingenieurwesen übliche kleine Versagenswahrscheinlichkeiten p_f kann mit

$$CoV_{pf} = \frac{1}{\sqrt{N\,p_f}} \tag{3-66}$$

ermittelt werden.

Aus Gleichung (3-66) ist ersichtlich, dass für kleine Variationskoeffizienten (10%) eine große Anzahl an Simulationen durchgeführt werden muss. Das bedeutet, dass für eine Versagenswahrscheinlichkeit von $p_f = 10^{-6}$ bereits $N = 10^8$ Simulationen notwendig wären (vgl. SCHNEIDER [84]). Durch die enorme Entwicklung der Hardware in den letzten Jahren tritt dieses Problem zunehmend in den Hintergrund, jedoch können daraus für komplizierte Probleme dennoch unakzeptable Rechenzeiten resultieren.

Zur Ermittlung des Zuverlässigkeitsindex β ist es, wie bereits kurz angemerkt, erforderlich, die Zufallszahlen z_i statistisch auszuwerten, um mit Hilfe der beiden ersten statistischen Momente die Verteilung Z zu beschreiben. Der Zuverlässigkeitsindex ergibt sich aus dem Zusammenhang von p_f und β gemäß Kapitel 3.2.1.

3.2.4.2 Varianzmindernde Simulationsverfahren

Das in Kapitel 3.2.4.1 beschriebene Verfahren erfordert für kleine Wahrscheinlichkeiten zur Bestimmung der Versagenswahrscheinlichkeit eine hohe Anzahl an Simulationen. Um diese Anzahl zu reduzieren, wurde eine Vielzahl an sogenannten varianzmindernden Simulationsverfahren entwickelt. Dabei werden mit einer gewichteten Monte Carlo Simulation die erzeugten Stichproben auf den Bereich gelegt, der den größten Anteil an der Versagenswahrscheinlichkeit hat.

Im Zuge dieser Arbeit soll nur auf die Methode des Latin Hypercube Samplings näher eingegangen werden. Für diverse andere Methoden wie z.B. Importance Sampling, Stratified Sampling etc. wird auf RUBINSTEIN und KROESE [78] verwiesen.

<u>Latin Hypercube Sampling (LHS)</u>

Bei den zuvor genannten varianzmindernden Simulationsverfahren ist es nötig jene Gebiete, die den größten Anteil zur Versagenswahrscheinlichkeit beitragen, bereits vor der Berechnung zu kennen, um in diesem Bereich Stichproben für die Simulation zu erzeugen. Das im Jahre 1979 von MCKAY [43] entwickelte Verfahren hingegen beschränkt sich nicht nur auf den zuvor beschriebenen Bereich, sondern garantiert, dass der gesamte Bereich jeder Zufallsvariablen durch generierte Stichproben abgedeckt wird.

Die Methode des Latin Hypercube Sampling, in weiterer Folge LHS genannt, stellt einen speziellen Typ der Monte Carlo Simulation dar, welcher die Gliederung der theoretischen Verteilungsfunktion der Basisvariablen nutzt.

Um, wie zuvor angemerkt, den gesamten Bereich aller Zufallsvariablen abdecken zu können, werden die Verteilungsfunktionen $\Phi(X_i)$ aller Variablen X_i in N gleiche, sich nicht überlappende Intervalle unterteilt. N ist dabei auch die Anzahl der durchzuführenden Simulationen. Die repräsentativen Werte der Basisvariablen x_i werden mit Hilfe einer inversen Transformation der Verteilungsfunktionen ermittelt. Für diese Werte können im Intervall N_i der Zentralwert (LHS – median), der Mittelwert (LHS – mean) oder ein Zufallswert (LHS – random) genommen werden. Gemäß NOVÁK [51] ist für eine optimale Simulation der Mittelwerte und der Varianzen der Mittelwert in jedem Intervall zu verwenden.

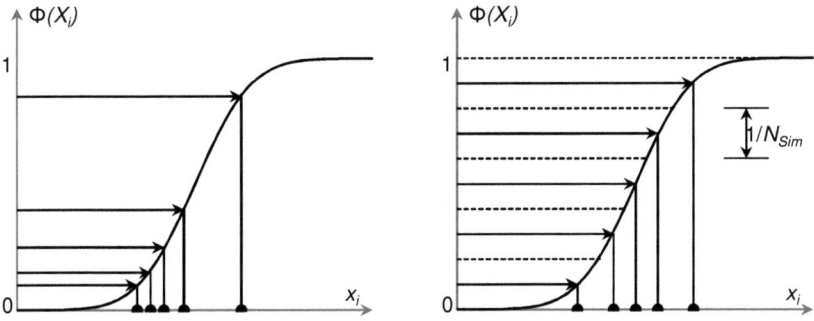

Abbildung 3-11: Darstellung Monte Carlo- (links) und Latin Hypercube Simulation (rechts)

Im Gegensatz zur Monte Carlo - Simulation (siehe Kapitel 3.2.4.1) benötigt die LHS - Simulation zur Ermittlung niedriger statistischer Momente (Mittelwert, Varianz) eine relativ geringe Anzahl an Simulationen (zehn bis hundert), um adäquate Ergebnisse zu erzielen (vgl. [99], [50]).

Spezielles Augenmerk sollte auch auf die Sensitivitätsanalyse, welche als Nebenprodukt der LHS – Simulation entsteht, gelegt werden. Dadurch ist es möglich, den Einfluss der verschiedenen Variablen auf die Berechnung der Zuverlässigkeit zu bestimmen. Dieses Wissen ermöglicht eine Optimierung der Basisvariablen für die weitere Berechnung. So können die Verteilungsfunktionen von dominanten Variablen verbessert werden, während Basisvariablen mit geringer Dominanz in weiteren Berechnungsschritten als deterministisch angenommen werden können. Für eine detailliertere Beschreibung wird an dieser Stelle auf NOVÁK et al. [50] verwiesen.

Ein Problem der LHS – Simulation stellt die zufällige Korrelation der Basisvariablen untereinander dar. So können beispielsweise während der Samplings zufällig entstandene, unerwünschte Korrelationen auftreten. Dies kann bei einer sehr kleinen Anzahl an Simulationen (ca. 10) der Fall sein (vgl. STRAUSS [92]).

Die Vorgabe einer Korrelationsmatrix innerhalb der Basisvariablen kann als Optimierungsproblem verstanden werden. Ziel muss es demnach sein, die Differenz zwischen der gewünschten bzw. vorgeschriebenen (**T**) und der generierten (**A**) Korrelationsmatrix so gering wie möglich zu halten. Als Maß für die Beurteilung der generierten Matrix kann die Differenz der Korrelationskoeffizienten beider Matrizen herangezogen werden. STRAUSS zeigt in [92] Methoden und Techniken für die Generierung von korrelierten Zufallsvariablen auf.

Die Simulated Annealing Technik, zurückzuführen auf KIRKPATRICK et al. [32], liefert für dieses Optimierungsproblem das globale oder zumindest ein „sehr gutes" lokales Minimum, während bei anderen deterministischen Optimierungstechniken oft das globale Minimum nicht gefunden werden kann [36]. Diese Techniken sind dabei stark vom

Startpunkt, in diesem Falle von der Anfangskonfiguration der Samples, abhängig. Für eine detailliertere Beschreibung dieser Technik des Simulated Annealing sei an dieser Stelle auf VOŘECHOVSKÝ [99] verwiesen.

4 Mechanische Rechenmodelle und deren probabilistische Grenzzustandsfunktion

4.1 Allgemeines

Die Berechnung des Zuverlässigkeitsindex bzw. der Versagenswahrscheinlichkeit eines Tragwerks erfolgt unter Betrachtung der jeweilig maßgebenden Versagensform wie z.B. Schubversagen oder Versagen zufolge Biegung. Jeder Versagensform werden dabei mechanische Rechenmodelle zugrunde gelegt. In ZILCH & ZEHETMAIER [105] können detaillierte Beschreibungen und Hintergründe der in ÖNORM EN 1992-1-1 [66] verankerten Rechenmodelle für das semi – probabilistische Sicherheitskonzept entnommen werden.

Die Formulierung der maßgebenden Versagensform als Grenzzustandsfunktion ermöglicht in weiterer Folge eine Verknüpfung der zu berücksichtigenden Einwirkungen mit dem mobilisierbaren Widerstand. Die in [105] und [66] entwickelten Rechenmodelle bilden den Versuch, das tatsächliche Verhalten von Stahlbetonteilen mathematisch abzubilden, um eine objektive Möglichkeit der Bemessung zu erhalten. Das Ergebnis der Versagenswahrscheinlichkeit hängt daher neben den verwendeten Basisvariablen auch in einem hohen Maß von der Wahl des Rechenmodells ab. So können für eine Berechnung der Zuverlässigkeit infolge Biegeversagens aufgrund der klaren Darstellung des Versagensmechanismus relativ „gute" Ergebnisse erzielt werden. Beim Versagensmodell der Querkraft ist hingegen noch mit großen Unsicherheiten zu rechnen.

Auf die Problematik der Modellunsicherheit sei hier auf Kapitel 4.4 verwiesen.

Die in Gleichung (2-5) beschriebene Grenzzustandsfunktion wird aufgrund der vorhandenen Unsicherheiten wie folgt ergänzt:

$$\tilde{G} = \Theta_R R - (\Theta_G G + \Theta_Q Q) \qquad (4\text{-}1)$$

Dabei gelten die streuenden Größen R = Widerstand, Θ_R = Modellunschärfe Widerstand, Θ_G = Modellunschärfe Eigenlast, G = Eigenlast, Θ_Q = Modellunschärfe veränderliche Last und Q = veränderliche Last.

4.2 Mechanische Rechenmodelle für Konstruktionsbeton

4.2.1 Bemessungsmodell bei Biegebeanspruchung ohne Normalkraft und ohne Druckbewehrung

Der Widerstand eines Bauteils gegenüber einer Biegebeanspruchung wird durch ein Zugversagen der Biegebewehrung auf der einen, und einem Versagen der Betondruckzone auf der anderen Seite limitiert. Ziel der Bemessung ist es, den Bewehrungsquerschnitt so zu wählen, dass die Gleichgewichtsbedingungen erfüllt werden. Für die Spannungsverteilung in der Druckzone wird in der Regel zur Berechnung des Widerstandes das Parabel – Rechteck – Diagramm [105] gewählt. Bei wirtschaftlich bemessenen Bauteilen erfolgt meist ein Versagen der Zugzone, weshalb hier auf eine genaue Modellierung der Betondruckzone verzichtet wird. Für den Widerstand wurde eine Randdehnung des Betons von ε_c = -3,5 ‰ angenommen.

Das Designniveau der Einwirkungen ergibt sich durch:

$$M_{s,d} = \gamma_G \, M_{G,k} + \gamma_Q \, M_{Q,k} \tag{4-2}$$

Dabei gilt:

$M_{S,d}$	=	Bemessungswert der Einwirkung
$M_{G,k}$	=	charakteristischer Wert der ständigen Lasten
$M_{Q,k}$	=	charakteristischer Wert der Verkehrslasten
γ_G	=	Teilsicherheitsbeiwert der ständigen Einwirkung
γ_Q	=	Teilsicherheitsbeiwert der Verkehrslasten

Der Bemessungswiderstand gegen ein Biegezugversagen ohne Normalkraft und ohne Druckbewehrung kann wie folgt formuliert werden:

$$M_{R,d} = F_{yd} \cdot d - F_{cd} \cdot x \cdot k_x \tag{4-3}$$

Dabei gilt die Bedingung, dass

$$F_{yd} = F_{cd} \tag{4-4}$$

Durch Umformulieren kann in weiterer Folge Gleichung (4-8) als Biegewiderstand definiert werden:

$$F_{cd} = b \cdot \alpha_R \cdot \alpha_{cc} \cdot \frac{f_{ck}}{\gamma_c} \cdot x = F_{yd} \tag{4-5}$$

$$F_{yd} = A_s \cdot \frac{f_{yk}}{\gamma_s} \tag{4-6}$$

$$A_s \cdot \frac{f_{yk}}{\gamma_s} = b \cdot \alpha_R \cdot \alpha_{cc} \cdot \frac{f_{ck}}{\gamma_c} \cdot x \quad \rightarrow \quad x = \frac{A_s \cdot \frac{f_{yk}}{\gamma_s}}{b \cdot \alpha_R \cdot \alpha_{cc} \cdot \frac{f_{ck}}{\gamma_c}} \tag{4-7}$$

$$M_{Rd} = A_s \cdot \frac{f_{yk}}{\gamma_s} \cdot \left(d - k_x \cdot \frac{A_s \cdot \frac{f_{yk}}{\gamma_s}}{b \cdot \alpha_R \cdot \alpha_{cc} \cdot \frac{f_{ck}}{\gamma_c}} \right) \tag{4-8}$$

Dabei gilt:

A_s	=	Fläche der Biegezugbewehrung
F_{cd}	=	Bemessungswert der Druckkraft
F_{yd}	=	Bemessungswert der Zugkraft
f_{yk}	=	charakteristische Streckgrenze des Bewehrungsstahls
f_{ck}	=	charakteristische Betondruckfestigkeit
b	=	Bauteilbreite
x	=	Höhe der Betondruckzone
d	=	Abstand vom Schwerpunkt der Biegezugbewehrung zum gegenüberliegenden Querschnittsrand (statische Nutzhöhe)
α_{cc}	=	0,85 - Beiwert für die Dauerstandsfestigkeit [67]
α_R	=	0,80 - Völligkeitsbeiwert der Druckspannungsverteilung bei einer Randdehnung des Betons von ε_c = -3,5 ‰
k_x	=	0,40 - Höhenbeiwert (bei einer Randdehnung des Betons von ε_c = -3,5 ‰
γ_S	=	Teilsicherheitsbeiwerte zur Berücksichtigung der Streuung des Bewehrungsstahls
γ_c	=	Teilsicherheitsbeiwert zur Berücksichtigung der Streuung für Beton

Die allgemein gültige Bedingung, dass der Widerstand eines Bauteils bzw. Tragwerks größer als dessen Einwirkung sein muss, kann folgendermaßen formuliert werden:

$R \geq S$ oder $R - S \geq 0$ (4-9)

Ein Versagen der Struktur tritt somit ein wenn $R - S < 0$.

Folgende Bedingung muss somit erfüllt sein:

$M_{S,d} \leq M_{R,d}$ (4-10)

4.2.2 Bemessungsmodell der Querkraft

Der Nachweis der Querkrafttragfähigkeit gemäß [67] erfolgt im Allgemeinen entsprechend dem semi – probabilistischen Sicherheitskonzept auf dem Designniveau, wobei zwischen dem Designniveau der Einwirkung und dem Designniveau des Widerstandes unterschieden werden muss.

Das Designniveau der Einwirkungen ergibt sich aus

$$V_{S,d} = \gamma_G \, V_{G,k} + \gamma_Q \, V_{Q,k} \qquad (4\text{-}11)$$

Mit:

$V_{S,d}$	=	Bemessungswert der Einwirkung
$V_{G,k}$	=	charakteristischer Wert der ständigen Lasten
$V_{Q,k}$	=	charakteristischer Wert der Verkehrslasten
γ_G	=	Teilsicherheitsbeiwert der ständigen Einwirkung
γ_Q	=	Teilsicherheitsbeiwert der Verkehrslasten

Der Querkraftwiderstand ist durch drei Grenzbetrachtungen charakterisiert, welche zum Teil in den beschreibenden Größen eine gegenseitige Abhängigkeit aufweisen.

4.2.2.1 Beton ohne rechnerisch erforderliche Schubbewehrung

Für Bauteile ohne rechnerisch erforderliche Querkraftbewehrung wird der Bemessungswiderstand durch den Querkraftwiderstand des Betons des Bauteils limitiert und mit der Gleichung (4-12) berechnet.

$$V_{Rd,c} = \left[\frac{0{,}18}{\gamma_c} \cdot \left(1 + \sqrt{\frac{200}{d}} \right) \cdot (100 \cdot \rho \cdot f_{ck})^{1/3} + 0{,}15 \cdot \sigma_{cp} \right] \cdot b_w \cdot d \qquad (4\text{-}12)$$

$V_{Rd,c}$	=	Bemessungsquerkraftwiderstand eines Bauteils ohne Querkraftbewehrung
γ_c	=	Teilsicherheitsbeiwert zur Berücksichtigung der Streuung für Beton
d	=	Mittelwert der statischen Nutzhöhe ($h - c$)
ρ	=	Bewehrungsgehalt ($A_{sl} / (b \cdot d)$)
f_{ck}	=	charakteristische Betondruckfestigkeit
σ_{cp}	=	Bemessungswert der Betondruckspannung in der Nulllinie infolge Normalkraft oder Vorspannung
σ_{cp}	=	N_{Ed}/A_c
b_w	=	Mittelwert der Strukturbreite

4.2.2.2 Beton mit Schubbewehrung

Der Bemessungswert des bewehrungsspezifischen Querkraftwiderstandes ergibt sich nach [67] durch:

$$V_{Rd,S} = \frac{A_{sw}}{s} \cdot z \cdot f_{ywd} \cdot (\cot\theta + \cot\alpha) \cdot \sin\alpha \qquad (4\text{-}13)$$

mit:

$V_{Rd,S}$	=	Bemessungsquerkraftwiderstand der Schubbewehrung
A_{sw}	=	Fläche der Querkraftbewehrung
s	=	Mittelwert des Abstandes zwischen den Bügeln
z	=	Mittelwert des inneren Hebelsarms (0,9d)
f_{ywd}	=	Bemessungswert der Streckgrenze der Schubbewehrung
θ	=	Mittelwert des Winkels der Betondruckstrebe (gemäß [53] 31 ≤ θ ≤ 45)
α	=	Mittelwert des Winkels der Schubbewehrung

Die maximal aufnehmbare Bemessungsquerkraft wird durch die Druckstrebenfestigkeit begrenzt und lässt sich mit der Gleichung (4-14) berechnen.

$$V_{Rd,max} = \alpha_{cw} \cdot b_w \cdot z \cdot v_1 \cdot \frac{f_{ck}}{\gamma_c} \cdot \left(\frac{\cot\theta + \cot\alpha}{1 + \cot^2\theta}\right) \qquad (4\text{-}14)$$

$V_{Rd,max}$	=	Maximaler Querkraftwiderstand gegeben durch die Betondruckstrebe
α_{cw}	=	Beiwert zur Berücksichtigung des Spannungszustandes im Druckgurt (1,0 für σ_{cp} = 0)
b_w	=	Mittelwert der Strukturbreite
z	=	Mittelwert des inneren Hebelsarms (0,9d)
f_{ck}	=	charakteristische Betondruckfestigkeit
γ_c	=	Teilsicherheitsbeiwert zur Berücksichtigung der Streuung für Beton
θ	=	Mittelwert des Winkels der Betondruckstrebe (gemäß [53] 31 ≤ θ ≤ 45)
α	=	Mittelwert des Winkels der Schubbewehrung
v_1	=	Festigkeitsabminderungsbeiwert für unter Querkraft gerissenen Beton

Für den Fall eines schubbeanspruchten Querschnittes kann somit folgende Bedingung aufgestellt werden:

$$V_{S,d} \leq V_{Rd,S}; V_{Rd,c}; V_{Rd,max} \qquad (4\text{-}15)$$

4.3 Probabilistische Grenzzustandsfunktionen

4.3.1 Grenzzustandsfunktion bei Biegebeanspruchung ohne Normalkraft und ohne Druckbewehrung

Basierend auf der Gleichung (4-8) kann für die probabilistische Grenzzustandsfunktion bei einem Biegezugversagen $\tilde{G}(M_R)$ folgende Gleichung aufgestellt werden:

$$\tilde{G}(M_R) = \Theta_{R(M)} \cdot A_s \cdot f_y \cdot \left(d - \frac{A_s \cdot f_y \cdot k_x}{f_c \cdot b \cdot \alpha_R \cdot \alpha_{cc}}\right) - \left(\Theta_{E(MG)} \cdot M_G + \Theta_{E(MQ)} \cdot M_Q\right) \qquad (4\text{-}16)$$

Die Variablen A_s, b, α_R, α_{cc} und k_x stellen in Gleichung (4-16) deterministische Werte dar, während die restlichen Basisvariablen Streuungen unterworfen sind. Die zugrunde gelegten Verteilungen sowie deren Mittelwerte und Variationskoeffizienten sind in den Kapiteln 4.4 und 6.5 detailliert beschrieben.

4.3.2 Grenzzustandsfunktionen der Querkraft

4.3.2.1 Beton ohne rechnerisch erforderliche Schubbewehrung

Für den Querkraftwiderstand eines Bauteils ohne rechnerisch erforderliche Querkraftbewehrung gemäß Gleichung (4-12) kann folgende probabilistische Grenzzustandsfunktion aufgestellt werden:

$$\tilde{G}(V_{R,c}) = \Theta_{R(VR,c)} \cdot \left(\tau_c + 0{,}15 \cdot \sigma_{cp}\right) \cdot b_w \cdot d - \left(\Theta_{E(VG)} \cdot V_G + \Theta_{E(VQ)} \cdot V_G\right) \qquad (4\text{-}17)$$

mit:

$$\tau_c = \left[0{,}27 \cdot \left(1 + \sqrt{\frac{200}{d}}\right) \cdot (100 \cdot \rho \cdot f_c)^{1/3}\right] \qquad (4\text{-}18)$$

Gemäß den Erläuterungen aus [16] und [33] wurde der Vorfaktor, 0,18 aus Gleichung (4-12) mit Hilfe probabilistischer Methoden auf einen Zuverlässigkeitsindex von β = 3,8 kalibriert, wenngleich dieser laut DIN 1045-1 mit einem charakteristischen Wert von c_k = 0,14 festgelegt wird. Für die probabilistische Grenzzustandsfunktion wird dieser charakteristische Vorfaktor c_k (5% Fraktilwert) unter den Annahmen einer Normalverteilung und einem Variationskoeffizienten von CoV = 0,2 auf den statistischen Mittelwert von c_m = 0,27 rückgerechnet. Für einen Vergleich weiterer Querkraftmodelle ohne rechnerisch erforderliche Querkraftbewehrung wird auf BREHM et al. [12] verwiesen.

4.3.2.2 Beton mit Schubbewehrung

Als eine weitere Versagensform wird die Überschreitung des durch die vorhandene Bewehrung definierten Querkraftwiderstandes dargestellt. Die probabilistische Grenzzustandsfunktion $\tilde{G}(V_{R,S})$ des Querkraftwiderstandes der Schubbewehrung lautet:

$$\tilde{G}(V_{R,s}) = \Theta_{R(VR,s)} \cdot \tau_y \cdot z - \left(\Theta_{E(VG)} \cdot V_G + \Theta_{E(VQ)} \cdot V_Q\right) \tag{4-19}$$

Dabei gilt:

$$\tau_y = \frac{A_{sw}}{s} \cdot f_{yw} \cdot (cot\theta + cot\alpha) \cdot sin\alpha \tag{4-20}$$

Die Variablen A_{sw}, f_{yw} und s sind dabei streuende Werte, die Winkel α und θ werden als deterministische Mittelwerte angenommen.

Als maximaler Querkraftwiderstand gemäß [67] gilt der Widerstand der Betondruckstrebe nach Gleichung (4-14). Die probabilistische Formulierung des Grenzzustandes kann wie folgt formuliert werden:

$$\tilde{G}(V_{R,max}) = \Theta_{R(VR,max)} \cdot \tau_{c,max} \cdot b_w \cdot z - \left(\Theta_{E(VG)} \cdot V_G + \Theta_{E(VQ)} \cdot V_Q\right) \tag{4-21}$$

Dabei gilt:

$$\tau_{c,max} = \alpha_{cw} \cdot \nu_1 \cdot f_c \cdot \left(\frac{cot\theta + cot\alpha}{1 + cot^2\theta}\right) \tag{4-22}$$

Der Beiwert ν_1 berücksichtigt die Abminderung der Druckstrebentragfähigkeit aufgrund des Querzuges, welcher durch im Verbund liegende Bügel eingetragen wird und gemäß [66] folgendermaßen definiert ist:

$$\nu_1 = 0{,}6 \cdot \left(1 - \frac{f_{ck}}{250}\right) \tag{4-23}$$

Da bei den probabilistischen Berechnungen für die Basisvariablen nicht der charakteristische Wert, sondern dessen statistische Verteilung mit der Verteilungsfunktion, dem Mittelwert und dem Variationskoeffizienten in der Berechnung berücksichtigt werden, wird auch bei der Berechnung der Beiwertes ν_1 vom charakteristischen Wert Abstand genommen. Für die Berechnung des Beiwertes ν_1 wird an dieser Stelle auf den Mittelwert der Betondruckfestigkeit f_{cm} (siehe Gleichung (6-1)) zurückgegriffen.

Mit Gleichung (4-23) erhält man somit für die probabilistische Berechnung folgenden Abminderungsfaktor:

$$\nu_1 = 0{,}6 \cdot \left(1 - \frac{f_{cm}}{250}\right) \tag{4-24}$$

4.4 Modellunsicherheiten

4.4.1 Unsicherheiten der Rechenmodelle

Die in den Normen entwickelten und in der Praxis verwendeten mechanischen Modelle beinhalten Einflüsse, welche bewusst oder unbewusst vernachlässigt wurden und stellen daher lediglich eine Näherung der tatsächlichen Tragfähigkeit dar. Aus diesem Grund wird bei einer wahrscheinlichkeitstheoretischen Betrachtung eines Rechenmodells eine Modellunsicherheit Θ_R eingeführt. Diese Modellunsicherheit ist dabei stark vom betrachteten Grenzzustand abhängig. Während das mechanische Modell bei Stahlbetonelementen unter Biegebeanspruchung klar und eindeutig definiert werden kann, gibt es z.B. beim Modell des Querkrafttragfähigkeit noch weitaus größerer Unsicherheiten bezüglich der Modellbildung.

In Tabelle 4-1 werden unterschiedliche Ansätze der Modellunsicherheit bezogen auf die Tragfähigkeit dargestellt.

Grenzzustand	Verteilung	Mittelwert	Variations-koeffizient	Literatur
Biege-Tragfähigkeit	LN	1,20	0,15	JCSS[1] [31]
	LN/N	1,22	0,15	MELCHERS [44]
	LN/N	1,00	$0,05 - 0,07^2$	SCHNEIDER [84]
	LN/N	1,00	0,07	HANSEN [26]
Querkraft-Tragfähigkeit	LN	1,40 ($\Theta_{R(VR,i)}$)	0,25	JCSS [31]
	LN/N	0,93 ($\Theta_{R(VR,c)}$)	0,21	MELCHERS [44]
	LN/N	1,00 ($\Theta_{R(VR,s)}$)	0,19	
	LN/N	1,00 ($\Theta_{R(VR,i)}$)	0,1 – 0,2	SCHNEIDER [84]
	LN/N	1,00 ($\Theta_{R(VR,i)}$)	0,155	HANSEN [26]
	LN	1,0 ($\Theta_{R(VR,c)}$)	0,15	BRAML [10]
	LN	1,1 ($\Theta_{R(VR,S)}$)	0,10	
	LN	1,1 ($\Theta_{R(VR,max)}$)	0,15	
Normalkraft-Tragfähigkeit	LN/N	1,00	0,05	HANSEN [26]

Tabelle 4-1: Statistische Parameter der Modellunsicherheiten aus unterschiedlichen Literaturquellen

---

[1] Inklusive der Effekte aus Normal- und Querkraft

[2] In SCHNEIDER [84] wurden keine expliziten Werte für den Variationskoeffizienten gegeben. Die angeführten Werte sind Annahmen des Autors, welche durch den Text hervorgehen.

BRAML führte in [10] zur Ermittlung der statistischen Momente der Modellunschärfe für ein Querkraftversagen eine Parameterstudie durch. Ziel war es, ein einheitliches Zuverlässigkeitsniveau von β = 3,8 zu erreichen. Mit den in Tabelle 4-1 angegebenen Parametern ist es möglich, für die unterschiedlichen Versagensmechanismen einheitliche Zuverlässigkeitsindizes für ein Bauteil zu ermitteln.

Für die weiteren Berechnungen werden somit folgende Modellunsicherheiten verwendet:

Grenzzustand	Verteilung	Mittelwert	Variationskoeffizient	Literatur
Biege-Tragfähigkeit	LN	1,20	0,15	JCSS³ [31]
Querkraft-Tragfähigkeit	LN	1,0 ($\Theta_{R(VR,c)}$)	0,15	BRAML [10]
	LN	1,1 ($\Theta_{R(VR,S)}$)	0,10	
	LN	1,1 ($\Theta_{R(VR,max)}$)	0,15	
Normalkraft-Tragfähigkeit	LN/N	1,00	0,05	HANSEN [26]

Tabelle 4-2: Für die weiteren Berechnungen verwendeten Modellunsicherheiten

4.4.2 Modellunsicherheiten der Beanspruchung

Die Modellunsicherheiten auf Seiten der Beanspruchung resultieren aus angenommenen Vereinfachungen in der Modellbildung. So können z.B. sowohl die Lagerbedingungen als auch weitere unberücksichtigte Einflüsse wie z. B. Rissbildungen nur näherungsweise in einem Berechnungsmodell abgebildet werden. Um diese Unsicherheiten bei der Berechnung berücksichtigen zu können, wird eine Modellunsicherheit Θ_E auf Seiten der Beanspruchung eingeführt. Hierzu gibt es verschiedene Ansätze in verschiedenen Publikationen. SCHNEIDER [84] unterscheidet zwischen der Modellunschärfe für den Nachweis der Gebrauchstauglichkeit und dem Nachweis der Tragfähigkeit. So wird für die Gebrauchstauglichkeit eine Modellunschärfe Θ_E mit den Parametern

$\mu_{ME} \approx 1,0$

$CoV \approx 0,05 - 0,3$

und für den Nachweis der Tragfähigkeit eine Modellunschärfe mit den Parametern

$\mu_{ME} \approx 1,0$

$CoV \approx 0,0$

---

[3] Inklusive den Effekten aus Normal- und Querkraft

vorgeschlagen. Auf eine Unterscheidung der Modellunsicherheit bei unterschiedlicher Modellbildung (Flächentragwerke bzw. Stabtragwerke) wird in [84] verzichtet.

Das Joint Committee on Structural Safety (JCSS) gibt in [31] Modellunschärfen in Abhängigkeit der Rechenmodelle an (Tabelle 4-3). Eine Unterscheidung zwischen dem Nachweis der Gebrauchstauglichkeit und der Tragsicherheit wird hier jedoch nicht angegeben.

Schnittgrößen	Verteilung	Mittelwert	Variationskoeffizient
Biegemoment (Stabtragwerke)	LN	1,0	0,1
Normalkraft (Stabtragwerke)	LN	1,0	0,05
Querkraft (Stabtragwerke)	LN	1,0	0,1
Biegemoment (Flächentragwerke)	LN	1,0	0,2
Normal- Querkraft (Flächentragwerke)	LN	1,0	0,1

Tabelle 4-3: Modellunsicherheit der Beanspruchung gemäß [31]

Für die Berechnungen im Zuge dieser Arbeit werden die Modellunsicherheiten gemäß Tabelle 4-3 verwendet.

Als Verteilungsfunktion der veränderlichen Einwirkung für das Lastmodell 71 wird in der vorliegenden Arbeit eine Normalverteilung mit unterschiedlichen Variationskoeffizienten angenommen. Die genaue Darstellung der Funktion sowie die Ermittlung der statistischen Momente werden in Kapitel 6.3 beschrieben.

Für Straßenverkehrslasten wurden von BOGATH in [13] Lastmodelle auf Grundlage von Messungen auf der Brenner – Autobahn in Südtirol entwickelt. Dabei wurden mögliche Szenarien wie Regelverkehr, Schwerverkehr sowie eine mögliche Stausituation berücksichtigt.

5 Berechnungsmodelle von Brückentragwerken aus Beton

Nachrechnungen bestehender Tragwerke erfordern im Allgemeinen eine genauere Betrachtung des Systems als Neuplanungen, da dabei mögliche Systemreserven, welche bei der Planung nicht berücksichtigt wurden, mobilisiert werden sollen.

Sowohl die Modellbildung als auch die Berechnungsart (linear und nicht linear) haben dabei einen maßgebenden Einfluss auf die Ergebnisse.

Im folgenden Kapitel werden zur Veranschaulichung die unterschiedlichen Ergebnisse bei unterschiedlicher Modellbildung von Brückentragwerken aus Beton dargestellt.

5.1 Vergleich verschiedener Berechnungsmodelle

Die Modellwahl nimmt maßgeblichen Einfluss auf die Ergebnisse der Berechnung und in weiterer Folge auch auf die berechnete Zuverlässigkeit des Systems. Während in den meisten Fällen bei Neuplanungen mit einem vereinfachten Modell bemessen wird, stellt die Nachrechnung bestehender Strukturen eine erhöhte Anforderung an die Modellgenauigkeit dar. Folgendes Kapitel soll die Unterschiede der Modelle aufzeigen und somit auch auf die Notwendigkeit der exakten Modellierung hinweisen.

Bei dem untersuchten Tragwerk handelt es sich um einen 3-Feld Durchlaufträger (siehe Abbildung 5-1).

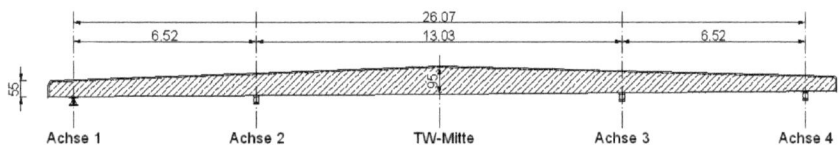

Abbildung 5-1: Statisches System des berechneten Tragwerks

Das berechnete Tragwerk wird in Kapitel 6 detailliert beschrieben. Abbildung 6-5 a – d zeigt zwei Querschnitte, einen Längsschnitt und das Lagerschema des betrachteten Tragwerks.

Zur Veranschaulichung der Ergebnisse werden insgesamt fünf unterschiedliche Modelle mit dem FE – Programm ATENA [14] ausgewertet (siehe Abbildung 5-2).

- a) 1 m breiter Streifen / gemittelte Höhe über die Länge
- b) 1 m breiter Streifen / Berücksichtigung des Dachprofils
- c) 5,33 m breite Platte / gemittelte Höhe über die Länge
- d) 5,33 m breite Platte / Berücksichtigung des Dachprofils
- e) 5,33 m breite Platte / Berücksichtigung des Dachprofils / Modellierung der Überzüge

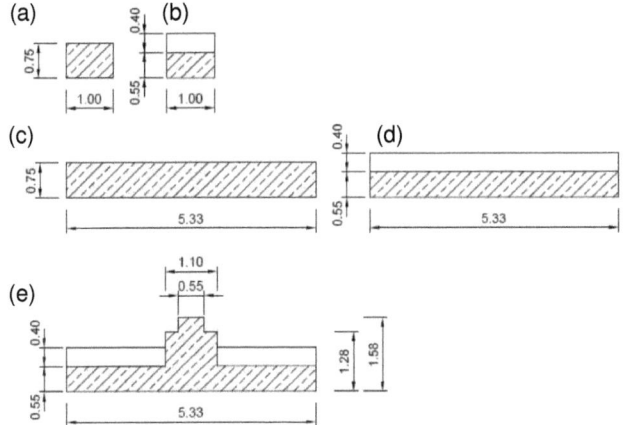

Abbildung 5-2: Unterschiedliche Modelle zur Berechnung der Ringstraßenbrücke

Als Belastung wurden das Eigengewicht der Konstruktion und Lastmodell 71 gemäß [65] berücksichtigt.

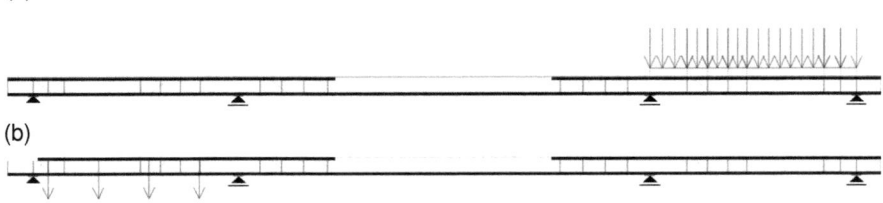

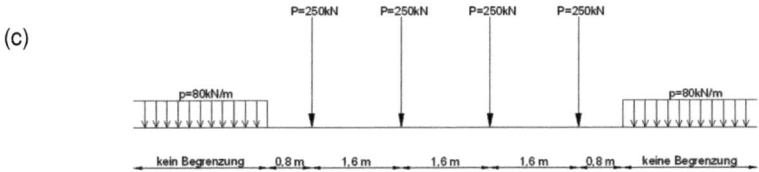

Abbildung 5-3: Belastung (a) Gleichlast Feld 3, (b) Einzellasten Feld 1, (c) LM71 gemäß [65]

Die Berücksichtigung der Last erfolgt in mehreren Lastschritten, dabei wird zuerst die Eigenlast und in weiterer Folge die veränderliche Last sukzessive aufgebracht, bis ein rechnerisches Versagen der Struktur eintritt.

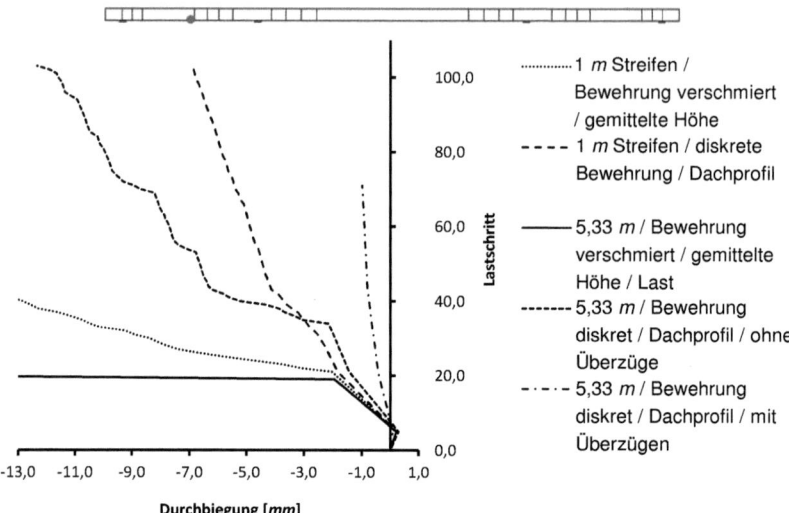

Abbildung 5-4: Vergleich der Durchbiegung in Feld 1 für unterschiedliche Berechnungsmodelle

Abbildung 5-4 ist zu entnehmen, dass die Wahl des Rechenmodells großen Einfluss auf die resultierenden Ergebnisse hat. Vor allem bei Berechnungen bestehender Strukturen ist eine möglichst realitätsnahe Modellbildung des Systems anzustreben, um mögliche, bei der Planung nicht berücksichtigte, Effekte hier in Rechnung stellen zu können. Es sei jedoch angemerkt, dass die Rechenzeit mit der Anzahl der Elemente exponential ansteigt und somit eine unnötig hohe Genauigkeit bei der Modellbildung zu vermeiden ist.

6 Beschreibung des Versuchstragwerks und Ermittlung probabilistischer Kenngrößen

6.1 Brückenbestand der Österreichischen Bundesbahnen

Mit einem Gesamtbestand von ca. 2,0 Millionen m² Brückenfläche sind die Österreichischen Bundesbahnen einer der "großen" Brückenerhalter des Landes. Neben den für den Schienenverkehr ausgelegten Eisenbahnbrücken zählen auch diverse andere Bauten wie Wegbrücken, Fußgängerbrücken aber auch Straßenbrücken zum Brückenbestand der ÖBB (siehe Abbildung 6-1).

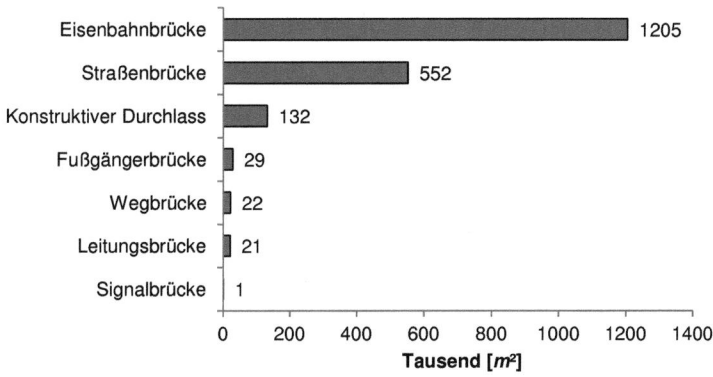

Abbildung 6-1: Brückenbestand der ÖBB (2010) [86]

Während Spannbetontragwerke der Eisenbahnbrücken lediglich einen flächenmäßigen Anteil von 4% der Gesamtbrückenflächen ausmachen, ist der mit 46% überwiegende Teil der Brückenflächen den Stahlbetontragwerken zuzuordnen (siehe Abbildung 6-2).

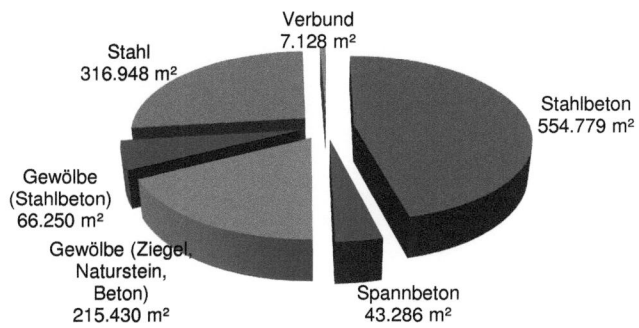

Abbildung 6-2: Zusammensetzung der Bauweisen für den Gesamtbrückenbestand der ÖBB (2010) [86]

6.2 Beschreibung des Brückentragwerks

Die Überführung der Franz Josefs Bahn bei Kilometer 1,130 nahe der Universität Krems über die Ringstraße (B3) und zwei Rad- bzw. Fußwege wurde im Jahr 1959 in Form eines 3 – Feld Systems mit den Stützweiten 6,52 m – 13,03 m – 6,52 m geplant. Dieses Brückentragwerk stellt damit ein repräsentatives Stahlbetonobjekt aus dem Gesamtbestand von ca. 2,0 Millionen m^2 Brückenfläche dar.

Abbildung 6-3: Geographische Lage des Tragwerks [28]

Der Kreuzungswinkel der Bahnachse mit der Ringstraße beträgt 56°, weiters weist die Bahntrasse im Objektsbereich einen Kurvenradius von 200 – 800 Metern auf.

Die Lagerung erfolgte mit den zu dieser Zeit typischen Stahlrollenlagern als längsbewegliche Lagerung und Stahllinienkipplagern als Festlager (Abbildung 6-5 a). Der Querschnitt wurde als schlaff bewehrter Stahlbetonquerschnitt mit an den Rändern angeordneten Überzügen konzipiert. Die Plattenstärke variiert von 0,55 m im Bereich der Widerlager bis zu 0,95 m in der Feldmitte des zweiten Feldes (Abbildung 6-5 b, c).

Blickrichtung Nord-Ost   Blickrichtung Süd-West

Abbildung 6-4: Übersichtsbilder Ringstraßenbrücke

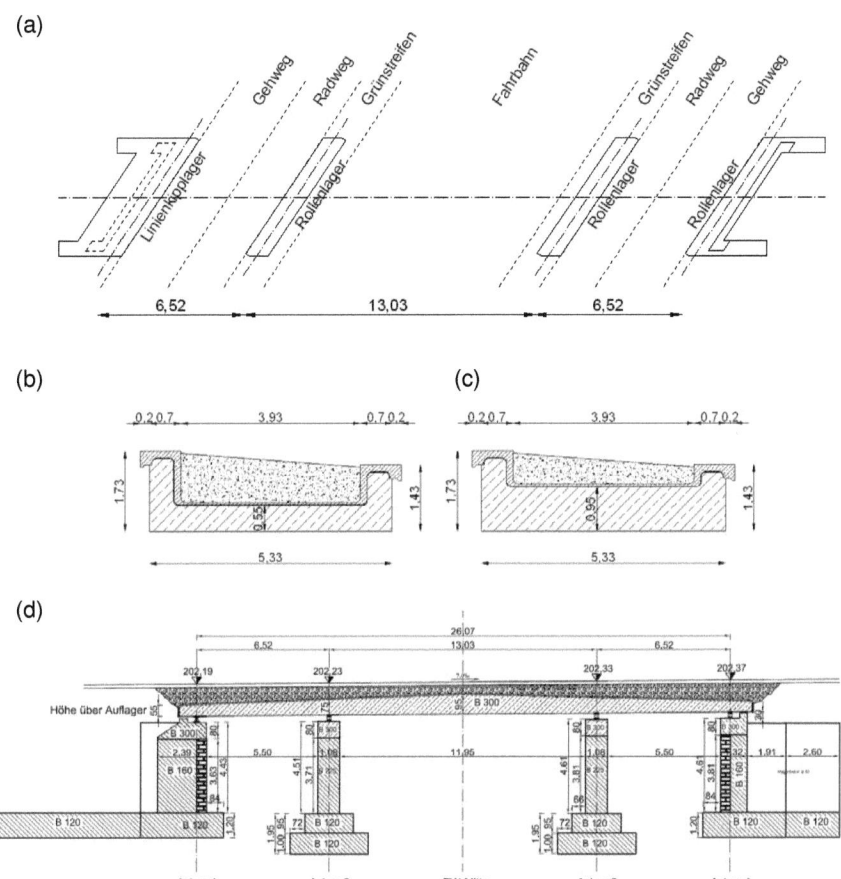

Abbildung 6-5: Ringstraßenbrücke (a) Lagerung; (b) Querschnitt beim Widerlager; (c) Querschnitt in Tragwerksmitte; (d) Längsschnitt in Brückenachse

Die Bemessung des Tragwerks erfolgte auf Grundlage der zu diesem Zeitpunkt gültigen Normen ([55], [56], [58]).

Die zur Zeit der Planung (1959) verwendeten Baustoffe werden in den zurzeit gültigen Bemessungsnormen ([65], [67]) nicht mehr klassifiziert. Die ONR 24008 [69] bietet jedoch eine Vielzahl an Tabellen, worin historische Materialen mit ihren Materialparametern beschrieben werden.

Die nachfolgende Klassifizierung der verwendeten Baustoffe erfolgt auf Grundlage von [69].

Beton

Die Stahlbetonbrücke wurde zum Zeitpunkt der Errichtung mit einem Beton der Klasse B300, welcher eine charakteristische Druckfestigkeit von 18,3 N/mm² aufweist, geplant. Gemäß [69] können somit folgende Betondruckfestigkeit und folgender E – Modul ermittelt werden:

f_{ck} = 18,3 N/mm²

E_{cm} = 33.000 N/mm²

Dabei gilt:

f_{ck} charakteristische Dauerstandsfestigkeit im Sinne der ÖNORM B 4700 [59]

E_{cm} mittlerer Elastizitätsmodul für Normalbeton

Der für die Bemessung wichtige Mittelwert der Betondruckfestigkeit f_{cm} errechnet sich gemäß [59] mit

$$f_{cm} = f_{ck} + 7,5 \tag{6-1}$$

zu

f_{cm} = 25,8 N/mm²

Betonstahl

Die Materialeigenschaften des Bewehrungsstahls, im Speziellen die charakteristische Streckgrenze (5% Fraktile) f_{yk} und der Elastizitätsmodul (Mittelwert) E_S, werden gemäß [69] für einen Torstahl 40 IV mit

f_{yk} = 400 N/mm²

E_S = 210.000 N/mm²

angegeben.

Der für probabilistische Berechnungen wichtige Mittelwert der Streckgrenze errechnet sich gemäß [59] mit

$$f_{ym} = f_{yk} + 10,0 \tag{6-2}$$

zu

f_{ym} = 410 N/mm²

Die gemäß Bestandsplänen [71] vorhandene Biege- und Schubbewehrung wurde für die weitere Berechnung ermittelt und in Abbildung 6-6 und Abbildung 6-7 dargestellt.

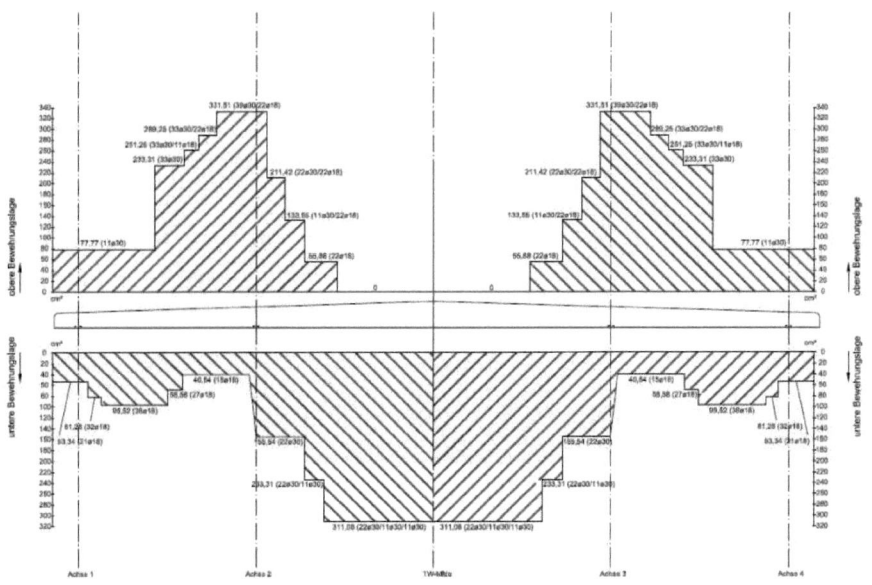

Abbildung 6-6: Vorhandene Biegelängsbewehrung gemäß Bestandsplänen [71]

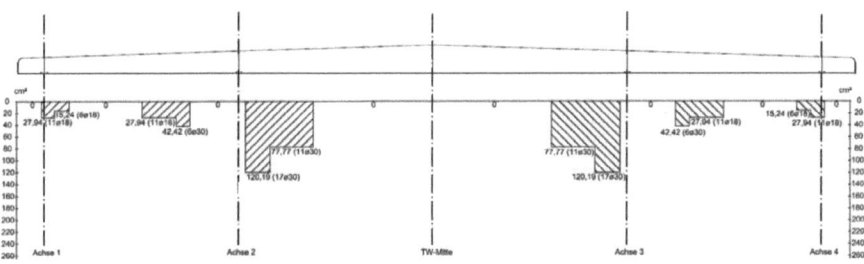

Abbildung 6-7: Vorhandene Schubbewehrung gemäß Bestandsplänen [71]

Über die Annahme der Verteilungsfunktionen und Variationskoeffizienten sei an dieser Stelle auf Kapitel 6.5 verwiesen.

6.3 Berechnungsmodell

Für die Berechnung der Schnittkräfte wurde das Tragwerk mit der Statiksoftware SOFISTIK [87] mit der Finiten Elemente Methode generiert und berechnet. Als Elementtyp wurden Quad – Flächenelemente gewählt. Die Ermittlung der Schnittkräfte erfolgte unter Annahme von in der Praxis üblichen linear elastischen Materialgesetzen.

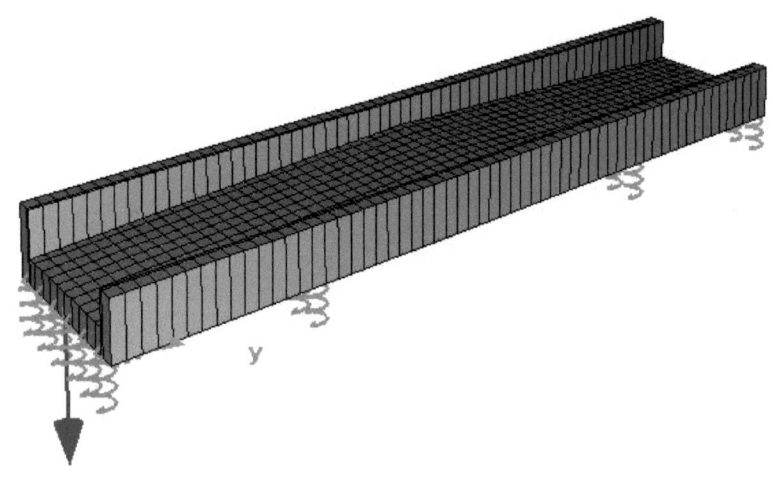

Abbildung 6-8: Modell für die linear elastische Berechnung der Schnittkräfte

Eine detaillierte Auswertung der resultierenden Ergebnisse soll an dieser Stelle nicht erfolgen, es werden hier lediglich die für die probabilistische Berechnung erforderlichen Schnittkräfte und deren dazugehörige Laststellungen dargestellt.

Probabilistische Annahme der Verkehrslast LM71 [65]

In der aktuellen Normenreihe werden sowohl die für die Bemessung relevanten Einwirkungen als auch Widerstände als charakteristische Werte bezeichnet. Als charakteristische Werte für Materialparameter (f_{ck}, f_{yk}, etc.) gelten in der Regel die 5% Fraktilwerte der Verteilungsfunktionen.

Im Falle der Einwirkungen wird dabei im Allgemeinen von einem 95% Fraktilwert (klimatische Einwirkungen 98% Fraktilwert) ausgegangen. Dies sind somit Werte, die in 95% (bzw. 98%) aller Fälle nicht überschritten werden.

Das Lastmodell 71 gemäß [65] stellt keine tatsächlich auftretende Last für den Schienenverkehr dar, sondern wurde im Rahmen der UIC (Internationaler Eisenbahnverband) anhand von Untersuchungen ermittelt. Das Lastmodell 71 ist demnach eine Lastanordnung, welche die ungünstigsten Auswirkungen bestehender Züge abdeckt [72].

Für den probabilitsichen Lastansatz werden die in [65] definierten Belastungswerte als 95% Fraktilwert einer Normalverteilung angenommen. Abbildung 6-9 zeigt die Verteilung der Einzellast des Lastmodells 71.

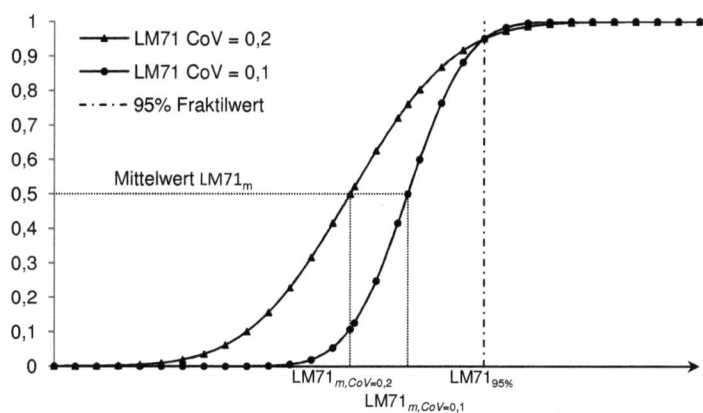

Abbildung 6-9: Ermittelte Summen-Normalverteilung des Eisenbahn – Lastmodells 71 unter Annahme des normspezifischen Nominalwertes der Lasten als 95% Fraktilwert für Streugrößen $CoV = 0{,}10$ und $0{,}20$

Für die Streckenlast bzw. die Einzellast bei unterschiedlichen Variationskoeffizienten der Verkehrslast ergeben sich somit folgende Mittelwerte:

Variationskoeffizient	Mittelwert der Einzellast	Mittelwert der Gleichlast
0,1	214,59 kN	68,67 kN/m
0,2	187,97 kN	37,59 kN/m

Tabelle 6-1: Mittelwerte und Variationskoeffizienten des Lastmodells 71

Maßgebende Querkraft und deren Laststellung bei Achse 1

Als Belastung wurden das Konstruktionseigengewicht, die ständigen Lasten (Schotterbett, Ausrüstung) sowie die veränderliche Verkehrslast (LM71 gemäß [65] ohne Erhöhung durch den Lastklassenbeiwert) angesetzt. Aufgrund des geringen Einflusses weiterer veränderlicher Einwirkungen konnten diese für eine probabilistische Berechnung vernachlässigt werden.

$V_{G,k}$ = 30,84 kN/m

$V_{Q,k}$ = 52,30 kN/m

Maßgebendes Moment und deren Laststellung in Tragwerksmitte

Wie bereits bei der Querkraft wurden für die Ermittlung des Biegemoments das Konstruktionsgewicht, die ständigen Lasten sowie die veränderliche Verkehrslast angesetzt. Nachfolgende Momentenbeanspruchung konnte ermittelt werden:

$M_{G,k}$ = 220,70 kNm/m

$M_{Q,k}$ = 189,73 kNm/m

6.4 Ermittlung der probabilistischen Parameter für Stahlbetontragwerke anhand von Bauwerksprüfungen

Zur probabilistischen Zustandsbewertung eines Tragwerks wird im Allgemeinen eine Vielzahl von Daten sowohl auf der Einwirkungs- als auch auf der Widerstandsseite benötigt. Aufgrund der Berechnungsmethodik werden hier im Gegensatz zur deterministischen Berechnung nicht die charakteristischen Materialparameter, sondern deren Verteilungsfunktionen benötigt. Ein Überblick über die im Ingenieurwesen zur Anwendung kommenden Verteilungstypen wurde bereits in Kapitel 3 gegeben. Nachfolgendes Kapitel beschreibt mögliche Methoden zur Ermittlung der Materialparameter und deren Verteilungsfunktionen.

Für die Ermittlung dieser Parameter kann generell zwischen zerstörungsfreien (non destructive testing, NDT) und zerstörenden (destructive testing, DT) Prüfmethoden unterschieden werden.

Im Gegensatz zur zerstörungsfreien Werkstoffprüfung, bei der die Materialien geprüft werden, ohne diese dabei zu beschädigen, werden bei der zerstörenden Werkstoffprüfung die zu prüfenden Materialien zerstört oder in ihrer Konstitution verändert.

Wenn möglich, sind die zerstörungsfreien den zerstörenden Prüfmethoden vorzuziehen, um bereits beschädigte Tragwerke durch Probenentnahmen nicht weiter zu schwächen. Sollten zerstörungsfreie Prüfmethoden nicht ausreichen, so wird in [103] für die Bestimmung der Betonfestigkeiten die Entnahme von Bohrkernen mit einem Durchmesser von 50 *mm* vorgeschlagen. Mit diesen Bohrkernen können neben der Druckfestigkeit folgende Untersuchungen vorgenommen werden [103]:

- Optische Beurteilung der Ober- bzw. Schnittflächen
- Chloridgehalte
- Karbonatisierungstiefe
- Bestimmung der Porenmenge und Verteilung
- Schichtdickenbestimmung

6.4.1 Betondruckfestigkeit

Zerstörungsfreie Prüfverfahren

Aus technischer und wirtschaftlicher Sicht ist es nur selten möglich, eine ausreichende Anzahl an Probekörpern (z.B. Bohrkerne) aus dem Bauwerk zu entnehmen. In solchen Fällen kann eine zerstörungsfreie Prüfung der Betondruckfestigkeit zur Anwendung kommen [96].

Im Zuge dieser Arbeit soll auf zwei für die Praxis bedeutende Verfahren eingegangen werden.

- Messung des Rückpralls mit dem Rückprallhammer
- Messung der Schalllaufzeit mit der Impact Echo Technik

Bei der Prüfung mittels Rückprallhammer trifft ein durch Federn beschleunigter Schlagbolzen auf der Betonoberfläche auf. Aufgrund des Rückpralls des Bolzens können Rückschlüsse auf die Betondruckfestigkeit gezogen werden. Für die genaue Regelung bezüglich der Aufteilung und der Anzahl an durchzuführenden Versuchen sei auf [63] bzw. [54] verwiesen. Es sei an dieser Stelle angemerkt, dass Veränderungen der Betonstruktur im Oberflächenbereich (z.B. Karbonatisierung, Feuchtigkeit) zu verfälschten Ergebnissen führen können [103].

Die Impact Echo Technik erlaubt eine Bewertung der Baustoffgüte bei Kenntnis der Bauteildicke. Hierbei wird Schallenergie über eine mechanische Impulsanregung auf das Messobjekt eingetragen. Dadurch entstehen Körperschallwellen, welche sich im Bauteil ausbreiten und auf Grenzflächen oder Fehlstellen im Bauteil treffen. Diese Bereiche reflektieren diese Wellen und werden wieder von einem Empfänger aufgenommen. Durch die erhaltene Schalllaufzeit zwischen dem Sender und dem Empfänger können Rückschlüsse auf die Baustoffgüte gezogen werden [3]. Für die Durchführung und Aufbereitung der Ergebnisse wird auf [62] verwiesen.

Neben den hier angeführten Verfahren können noch eine Vielzahl weiterer Techniken zur Prüfung der Betondruckfestigkeit, wie z.B. das Infrarot-Verfahren, die Endoskopie oder das Radarverfahren zur Anwendung kommen. Für eine detaillierte Beschreibung der wichtigsten Prüfverfahren wird an dieser Stelle auf BERGMEISTER und WENDNER [9] verwiesen.

Zerstörende Prüfverfahren

Durch eine zerstörende Prüfung eines Probekörpers kann ein direkter Aufschluss über die Druckfestigkeit erreicht werden. Da eine ausreichende Anzahl an Probekernen zur Ermittlung aussagekräftiger Ergebnisse zumeist problematisch ist, wird dieses Verfahren meist zusätzlich zu den zuvor beschriebenen zerstörungsfreien Prüfverfahren verwendet. In der Regel werden Bohrkerne mit einem Durchmesser von 150 *mm* bzw. 100 *mm*, in Sonderfällen auch kleinere Durchmesser, entnommen. Der Ablauf der Prüfung sowie die Auswertung der Ergebnisse erfolgt gemäß [54] bzw. [60].

6.4.2 Betonzugfestigkeit

Betone weisen neben der Betondruckfestigkeit auch eine verhältnismäßig geringe Zugfestigkeit auf. Weiters ist die Betonzugfestigkeit eine stark streuende Größe und dadurch mit großen Variationskoeffizienten von $CoV_{fct} = 0{,}1 - 0{,}3$ behaftet.

Die Betonzugfestigkeit kann über die Prüfung der zentrischen Zugfestigkeit, der Spaltzugfestigkeit oder Biegezugfestigkeit ermittelt werden (Abbildung 6-10).

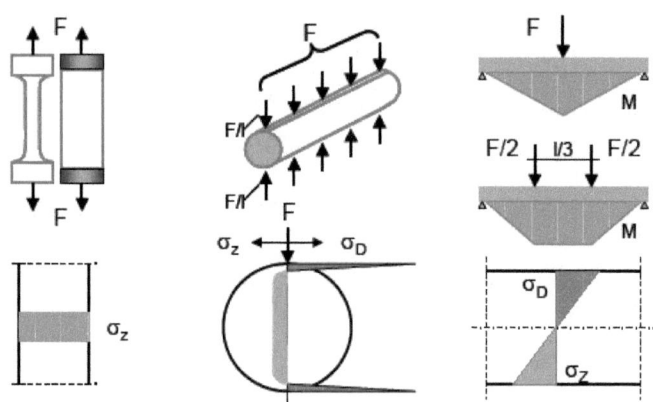

Abbildung 6-10: Prüfanordnung und Spannungszustände bei verschiedenen Zugbeanspruchungen [96]

Neben den dargestellten Prüfmethoden besteht auch die Möglichkeit, die Betonzugfestigkeit über eine Korrelation mit der Betondruckfestigkeit rückzurechnen. Für Betone der Klasse bis C50/60 kann dafür Gleichung (6-19) verwendet werden.

Der Zusammenhang der Spaltzugfestigkeit mit der zentrischen Zugfestigkeit ist folgendermaßen definiert:

$$f_{ctm} = 0{,}90 \cdot f_{ct,sp} \qquad (6\text{-}3)$$

6.4.3 Bruchenergie

Die Bruchenergie wird beschrieben als die „*in der Riss- oder Bruchzone bis zur vollständigen Trennung oder Zerstörung des Gefüges dissipierte (auf die Rissfläche oder das Volumen der Bruchzone bezogene) Energie*" [85]. Sie ist einer der Schlüsselparameter im Bereich der nicht linearen Bruchmechanik.

Die Ermittlung der Bruchenergie kann mit Hilfe des Keilspaltversuches nach [97] erfolgen. Abbildung 6-11 zeigt die schematische Darstellung zur Ermittlung der Bruchenergie. Dabei wird der Probekörper auf ein Linienlager gestellt, welches sich genau unter der Lasteinleitung befindet. In die Aussparung am oberen Ende der Probe werden Rollenlager eingelegt. Über einen Lasteinleitungskeil wird die aufgebrachte vertikale Last F_V in eine horizontale Last F_H umgelenkt. Die aufgebrachte horizontale Komponente der Belastung lässt sich über den Keilwinkel α und die Vertikallast bestimmen. Als Reaktion auf die aufgebrachte Belastung entsteht in der Startkerbe ein vertikaler Riss. Durch die Bestimmung der Horizontalverformung Δs als Folge der Rissbildung in Abhängigkeit der horizontalen Kraft F_H lässt sich durch Integration die Brucharbeit W_B bestimmen. Die Bruchenergie ist somit die Fläche unter der $F_H - \Delta s$ – Kurve.

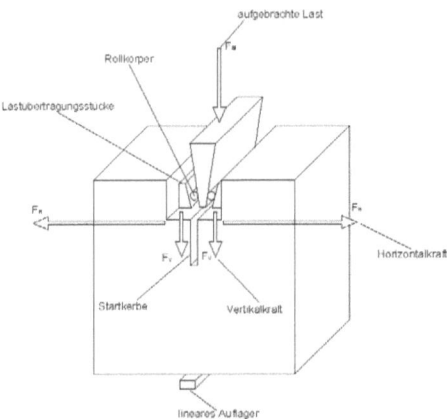

Abbildung 6-11: Schematische Darstellung der Versuchsanordnung zur Ermittlung der Bruchenergie nach TSCHEGG [97]

Die experimentell ermittelte Bruchenergie G_f^{exp} errechnet sich in weiterer Folge mit

$$G_f^{exp} = \frac{W_B}{A_L} \qquad (6\text{-}4)$$

wobei für A_L die Nennbruchfläche einzusetzen ist. W_B ist jene Arbeit, die benötigt wird, um den Probekörper zu durchtrennen.

Neben der oben beschriebenen Methode besteht ebenfalls die Möglichkeit, die Bruchenergie über den 3 – Punkt Biegeversuch zu bestimmen [38]. Auf diese Methode wird im Zuge dieser Arbeit jedoch nicht näher eingegangen.

Für die numerische Ermittlung der Bruchenergie welche, in Abhängigkeit von der Kornform, vom Größtkorn, der Betondruckfestigkeit und vom Wasserzementwert ermittelt wird, wird auf Kapitel 6.5.3 verwiesen.

6.4.4 Elastizitätsmodul (Beton)

Der Elastizitätsmodul von Beton hängt stark von dessen Bestandteilen ab. Gemäß [66] wird der E-Modul als Sekantenmodul zwischen $\sigma_c = 0$ und $0{,}4\ f_{cm}$ definiert.

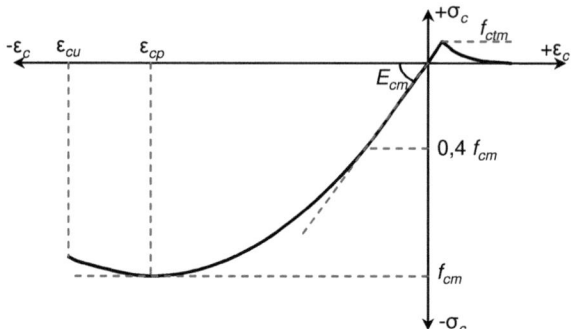

Abbildung 6-12: Darstellung des Sekantenmoduls

Die experimentelle Ermittlung des E-Moduls erfolgt über die Bestimmung des Spannungs-Dehnungsdiagramms im Zuge der Betondruckfestigkeitsprüfung.

Alternativ dazu besteht auch, wie bereits bei der Betonzugfestigkeit, eine Korrelation mit der Betondruckfestigkeit, welche durch Gleichung (6-23) gegeben ist.

6.4.5 Stahlzugfestigkeit

Die Ermittlung der Stahlzugfestigkeit f_y erfolgt über den Zugversuch gemäß [68]. In der Regel können bei einer Bauwerksuntersuchung jedoch nicht im ausreichenden Ausmaß Bewehrungsproben entnommen werden, sodass die Prüfung der Stahlzugfestigkeit zur Bestimmung der statistischen Kenngrößen praktisch nicht zur Anwendung kommt. Es wird daher auf empirische Daten (siehe Kapitel 6.5.5) zurückgegriffen.

6.4.6 Elastizitätsmodul (Stahl)

Der Elastizitätsmodul des Bewehrungsstabes ist über den Tangentenmodul bei der charakteristischen Elastizitätsgrenze des Bewehrungsstahls definiert (Abbildung 6-13).

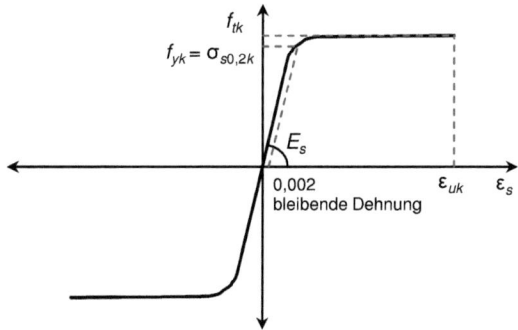

Abbildung 6-13: Darstellung des Elastizitätsmoduls

Die experimentelle Ermittlung des E-Moduls erfolgt über die Bestimmung des Spannungs-Dehnungsdiagramms im Zuge der Stahlzugfestigkeitsprüfung.

6.4.7 Bauteilabmessungen

Die Aufnahme der Bauteilabmessungen erfolgt im Zuge der Bestandskontrolle durch Messen der tatsächlich vorhandenen Umfänge bzw. Längen der Bauteile. Für nur einseitig zugängliche Oberflächen, wie zum Beispiel bei überschütteten Brückentragwerken, besteht die Möglichkeit, die Messung der Bauteildicke über akustische Verfahren wie z.B. das Ultraschallecho – Verfahren oder die Impact Echo Technik, durchzuführen. Die Dickenmessung beschränkt sich dabei auf Bauteile mit einer Dicke von 100 cm [95]. Weitere Möglichkeiten zur zerstörungsfreien Zustandsermittlung werden in [95] beschrieben und dargestellt.

6.4.8 Betondeckung

Sowohl die Ermittlung der vorhandenen Betondeckung als auch der Lager der Bewehrung kann mit Hilfe von Bewehrungssuchsystemen erfolgen. Neben dieser in der Praxis üblichen Methode zur Bewehrungsermittlung an Bestandstragwerken gibt es noch eine Vielzahl an Untersuchungsmethoden. Neben den akustischen Verfahren (Ultraschallecho, Impact Echo) besteht auch die Möglichkeit einer Bewehrungsortung mit Hilfe elektromagnetischer Verfahren. Einen Überblick darüber liefert TAFFE in [95].

6.4.9 Statistische Auswertung der Versuchsdaten

Die in den Kapiteln 6.4.1 bis 6.4.8 beschriebenen Methoden bilden Möglichkeiten der Stichprobenerhebung aus der Grundgesamtheit der betrachteten Zufallsvariablen. Da es praktisch nicht möglich ist, die Grundgesamtheit vollständig mit Hilfe der genannten Methoden zu prüfen, müssen die aus den Prüfungen realisierten Werte und Daten benutzt werden, um eine Aussage über die untersuchte Basisvariable zu treffen. Es wird dabei von Stichproben auf die Grundgesamtheit geschlossen. Weiters gilt, je größer der Stichprobenumfang, desto genauer die Einschätzung der Basisvariablen. Es ist auch möglich mit relativ „kleinen" Stichprobenumfängen statistische Abschätzungen zu treffen, jedoch ist dabei eine der Stichprobenmenge angepasste Ungenauigkeit zu berücksichtigen. Der Vorgang des Schlusses von der Stichprobe auf die Grundgesamtheit wird in der Stochastik Inferenz genannt [22].

In Kapitel 6.5 werden anhand von empirischen Erkenntnissen Verteilungen für die unterschiedlichen Basisvariablen vorgeschlagen. Um abschätzen zu können, ob die vorliegenden Stichproben einer angegebenen Verteilung folgen, wird eine Schätzung der Güte der Anpassung an die Form der Verteilung durchgeführt. Bei den sogenannten Anpassungstests wird die Hypothese überprüft, ob die in einer Stichprobe betrachtete Verteilung mit der angenommen Verteilung übereinstimmt.

Es werden dabei zwei Hypothesen, die Nullhypothese H_0 und die Alternativhypothese H_1, aufgestellt. Wird die Nullhypothese erfüllt, so wird eine Anpassung an das gewählte Signifikanzniveau α akzeptiert.

Das Signifikanzniveau stellt die maximal zulässige Irrtumswahrscheinlichkeit dar. Wird beispielsweise ein Wert von α = 0,1 gewählt, so bedeutet dies, dass die maximal zulässige Wahrscheinlichkeit für ein irrtümliches Ablehnen einer richtigen Nullhypothese 10% beträgt.

Als Verfahren können der Chi – Quadrat – Anpassungstest und der Kolmogoroff – Smirnow – Anpassungstest genannt werden.

Nachfolgend wird die Anwendung des Kolmogoroff – Smirnow – Anpassungstest schrittweise kurz beschrieben. Für eine detailliertere Darstellung wird hier auf PLATE [75] oder FISCHER [22] verwiesen.

Kolmogoroff – Smirnow – Anpassungstest

1. Formulierung der beiden Hypothesen
2. Konstruktion der Testgröße bzw. der Prüfgröße
3. Wahl des Signifikanzniveaus und der damit verbundenen kritischen Werte in Abhängigkeit des Stichprobenumfangs
4. Berechnung der Testgrößen aus den ermittelten Daten
5. Entscheidung, ob die Nullhypothese angenommen oder verworfen wird

Neben der Prüfung auf Übereinstimmung des angenommenen Verteilungstypus spielt auch die Bestimmung von Fraktilwerten anhand einer begrenzten Probenanzahl n eine bedeutende Rolle. Wie bereits bei den Anpassungstests spielt auch bei der Schätzung der Fraktilwerte die Stichprobenmenge eine wesentliche Rolle.

Diese Schätzung der Fraktilwerte trifft jedoch lediglich mit einer gewissen Aussagewahrscheinlichkeit zu. Der Prozentsatz der Aussagewahrscheinlichkeit wird in den verschiedenen Bereichen des Bauwesens unterschiedlich festgelegt. So wird in [45] für Betonstahl beispielsweise zur Schätzung von Werten der Grundgesamtheit eine Aussagewahrscheinlichkeit von 90% definiert. Die Ermittlung eines Fraktilwertes bei einer zu erfüllenden Aussagesicherheit lässt sich in Abhängigkeit der Anzahl der Stichproben ermitteln. MEHDIANPOUR beschreibt in [45] zwei Möglichkeiten zur Ermittlung dieser Fraktilwerte: Zum einen die variable Methode und zum anderen die attributive Methode.

6.4.9.1 Variable Methode

Bei dieser Methode wird, wie bereits beschrieben, anhand von einer begrenzten Anzahl von Messdaten auf eine statistisch abgesicherte Größe geschlossen. Um eine Schätzung durchführen zu können, wird eine Annahme der Verteilung der betrachteten Basisvariablen erforderlich. Diese Annahme kann entweder aufgrund eines zuvor durchgeführten Anpassungstests (siehe Kapitel 6.4.9) oder aber auch durch empirisch abgesicherte Annahmen erfolgen.

FISCHER empfiehlt weiters in [23] für Variationskoeffizienten $CoV \leq 0{,}20$ eine Normalverteilung und für $CoV > 0{,}20$ eine Lognormalverteilung zu wählen. Grund dafür ist die Tatsache, dass bei „großen" Variationskoeffizienten bei einer Normalverteilung die Endbereiche der Verteilung mehr und mehr im physikalisch unmöglichen Negativbereich liegen, während bei der Lognormalverteilung auch für „große" Variationskoeffizienten Negativwerte ausgeschlossen werden. Bei Variationskoeffizienten $CoV \leq 0{,}20$ liefern die Lognormalverteilung und die Normalverteilung annähernd gleiche Ergebnisse [83].

Zur Ermittlung des statistisch abgesicherten Schätzwertes $\tilde{x}_p$ für eine normalverteilte Grundgesamtheit kann folgendermaßen vorgegangen werden:

$$\tilde{x}_p = \bar{x} - k_1 \cdot s_x \tag{6-5}$$

Dabei ist:

$k_1 = k_1(n, p, 1\text{-}\alpha)$

$$k_1 = \sqrt{1 + \frac{1}{n}} \cdot \left(-t_{n-1,p} + t_{n-1,1-\alpha} \cdot \sqrt{\frac{1 + 0{,}5 K_T^2}{n}} \right) \tag{6-6}$$

$t_{n-1,p}$ = t-Verteilung mit n-1 Freiheitsgraden für das Quantil p
K_T = $\varphi^{-1}(1-\alpha)$
n = Stichprobenanzahl
p = Quantilwert
$1-\alpha$ = Aussagesicherheit
$\bar{x}$ = Mittelwert der Stichprobe
s_x = Standardabweichung der Stichprobe

Zur einfacheren Handhabung werden die k_1 – Werte in Tabelle 6-2 dargestellt.

k_1	$1-\alpha = 0{,}5$	$1-\alpha = 0{,}75$	$1-\alpha = 0{,}90$
$n = 10$	1,922	2,280	2,626
12	1,869	2,191	2,498
15	1,819	2,102	2,369
20	1,772	2,013	2,238
30	1,727	1,922	2,100
40	1,706	1,873	2,026
60	1,685	1,820	1,944
90	1,671	1,781	1,881
∞	1,645	1,645	1,645

Tabelle 6-2: Faktoren k_1 zur Berechnung des einseitig nach unten abgegrenzten statistischen Anteilsbereiches bei Normalverteilung mit unbekannter Standardabweichung, $p = 0{,}05$ [23]

Analog zur Ermittlung eines statistisch abgesicherten Schätzwertes für eine normalverteilte Grundgesamtheit kann dies auch für eine lognormalverteilte Grundgesamtheit erfolgen.

$$\tilde{x}_p = k_2 \cdot \bar{x} \qquad (6\text{-}7)$$

Dabei ist k_2 neben dem Stichprobenumfang n, dem Fraktilwert p und der Aussagesicherheit $1-\alpha$ auch zusätzlich vom Variationskoeffizienten CoV der Basisvariablen abhängig.

In den nachfolgenden Tabellen werden die k_2 – Werte für die Variationskoeffizienten von 0,20 bis 0,45 und für Aussagesicherheiten von $1-\alpha = 0{,}50$, $1-\alpha = 0{,}75$ und $1-\alpha = 0{,}90$ gemäß [23] bereitgestellt.

Tabelle 6-3 bis Tabelle 6-5: Faktoren k_2 zur Berechnung des einseitig nach unten abgegrenzten statistischen Anteilsbereiches bei logarithmischer Normalverteilung mit unbekannter Standardabweichung

k_2	$CoV = 0{,}20$	0,25	0,30	0,35	0,40	0,45
$n = 10$	0,646	0,575	0,512	0,456	0,404	0,359
12	0,655	0,586	0,524	0,468	0,418	0,372
15	0,666	0,599	0,538	0,483	0,432	0,387
20	0,679	0,614	0,554	0,500	0,450	0,405
30	0,689	0,625	0,567	0,513	0,465	0,420
40	0,694	0,631	0,573	0,520	0,472	0,428
60	0,699	0,637	0,579	0,526	0,479	0,435
90	0,702	0,640	0,583	0,531	0,483	0,440
∞	0,708	0,647	0,591	0,540	0,493	0,450

Tabelle 6-3: $1-\alpha = 0{,}50$; $p = 0{,}05$

k_2	$CoV = 0{,}20$	0,25	0,30	0,35	0,40	0,45
$n = 10$	0,544	0,438	0,334	0,232	0,126	0,017
12	0,565	0,465	0,367	0,270	0,177	0,070
15	0,588	0,494	0,402	0,312	0,221	0,128
20	0,614	0,527	0,442	0,359	0,277	0,194
30	0,638	0,557	0,479	0,403	0,329	0,256
40	0,650	0,572	0,498	0,426	0,356	0,288
60	0,664	0,590	0,519	0,451	0,387	0,324
90	0,673	0,602	0,534	0,470	0,409	0,351
∞	0,708	0,647	0,591	0,540	0,493	0,450

Tabelle 6-4: $1-\alpha = 0{,}75$; $p = 0{,}05$

k_2	$CoV = 0{,}20$	0,25	0,30	0,35	0,40	0,45
$n = 10$	0,446	0,306	0,163	0,015	-0,143	-0,313
12	0,479	0,349	0,216	0,081	0,053	-0,218
15	0,514	0,395	0,274	0,150	0,021	-0,116
20	0,554	0,446	0,338	0,229	0,116	-0,002
30	0,591	0,494	0,398	0,301	0,204	0,105
40	0,610	0,519	0,429	0,340	0,251	0,161
60	0,632	0,547	0,464	0,383	0,303	0,223
90	0,648	0,568	0,490	0,415	0,342	0,269
∞	0,708	0,647	0,591	0,540	0,493	0,450

Tabelle 6-5: $1-\alpha = 0{,}90$; $p = 0{,}05$

Die negativen Werte für den Faktor k_2 hängen mit der Annahme einer Normalverteilung für die Zufallsvariable X_p zusammen und treten nur bei großen Variationskoeffizienten und geringem Stichprobenumfang auf.

Zu den oben angeführten Tabellen ist weiters anzumerken, dass sowohl Zwischenwerte beim Stichprobenumfang als auch Zwischenwerte beim Variationskoeffizienten linear interpoliert werden können. Eine Extrapolation bei einem Stichprobenumfang von $n > 90$ sollte hingegen im logarithmischen Maßstab erfolgen [23].

Neben der Schätzung der Fraktilwerte kommt auch der Schätzung einer unteren Konfidenzgrenze für den Mittelwert $\tilde{x}_{m,u}$ eine hohe Bedeutung zu. Für eine Normalverteilung gilt:

$$\tilde{x}_{m,u} = \bar{x} - k_3 \cdot s_x \qquad (6\text{-}8)$$

Die Werte für k_3 werden gemäß [23] in Tabelle 6-6 bereitgestellt.

k_3	1-α = 0,90	1-α = 0,95
$n = 10$	0,437	0,580
12	0,393	0,518
15	0,347	0,455
20	0,297	0,387
30	0,239	0,310
40	0,206	0,266
60	0,167	0,216
90	0,136	0,175
∞	0	0

Tabelle 6-6: Faktoren k_3 zur Berechnung des einseitig nach unten abgegrenzten Mittelwertes bei Normalverteilung mit unbekannter Standardabweichung [23]

Für eine Lognormalverteilung gilt:

$$\tilde{x}_{m,u} = k_4 \cdot \bar{x} \qquad (6\text{-}9)$$

Wie bereits bei der Ermittlung der Fraktilwerte mit dem Faktor k_2, ist auch der Faktor k_4 vom Variationskoeffizienten der Variablen abhängig und wird in Abhängigkeit dessen in Tabelle 6-7 für eine Aussagesicherheit von 1-α = 0,90 und in Tabelle 6-8 für eine Aussagesicherheit von 1-α = 0,95 dargestellt.

Tabelle 6-7 und Tabelle 6-8 dokumentieren die Faktoren k_4 zur Berechnung des einseitig nach unten abgegrenzten Mittelwertes bei Lognormalverteilung mit unbekannter Standardabweichung gemäß [23].

k_4	CoV = 0,20	0,25	0,30	0,35	0,40	0,45
n = 10	0,899	0,871	0,834	0,814	0,785	0,756
12	0,907	0,881	0,853	0,826	0,798	0,770
15	0,915	0,891	0,865	0,839	0,812	0,786
20	0,925	0,902	0,878	0,853	0,828	0,803
30	0,935	0,915	0,893	0,870	0,847	0,823
40	0,941	0,922	0,902	0,880	0,858	0,935
60	0,949	0,931	0,912	0,892	0,871	0,849
90	0,955	0,938	0,920	0,901	0,881	0,860
∞	0,981	0,970	0,958	0,944	0,928	0,912

Tabelle 6-7: $1-\alpha = 0,90$

k_4	CoV = 0,20	0,25	0,30	0,35	0,40	0,45
n = 10	0,874	0,841	0,808	0,775	0,743	0,711
12	0,885	0,854	0,823	0,791	0,760	0,730
15	0,896	0,867	0,838	0,809	0,779	0,750
20	0,908	0,882	0,855	0,828	0,800	0,772
30	0,922	0,899	0,874	0,849	0,824	0,798
40	0,930	0,909	0,886	0,862	0,838	0,813
60	0,940	0,920	0,899	0,877	0,854	0,831
90	0,947	0,929	0,910	0,889	0,868	0,846
∞	0,981	0,958	0,958	0,944	0,928	0,912

Tabelle 6-8: $1-\alpha = 0,95$

6.4.9.2 Attributive Methode

Bei dieser Methode wird nicht, wie bei der zuvor beschriebenen variablen Methode, ein Mittelwert bzw. ein Fraktilwert aufgrund einer bestimmten Anzahl von Stichproben geschätzt, sondern es wird ein Stichprobenlos mit dem Umfang $n = i$ auf Zutreffen einer Hypothese untersucht. Es wird somit kontrolliert, ob die jeweilige Probe die Hypothese bzw. die erwartete Eigenschaft erfüllt und damit für „gut" empfunden wird oder nicht. Für das gesamte Prüflos wird ein maximal möglicher Schlechtanteil p an Proben festgelegt. Wird dieser Wert überschritten, so ist das gesamte Los zu verwerfen bzw. weiter zu prüfen [45].

Die wichtigsten Parameter der attributiven Methode sind:

n = Stichprobenumfang

p = prozentueller Schlechtanteil im Los

A_c = der maximal erlaubte Wert an Proben, welche die Hypothese nicht erfüllen bei n getesteten Proben

P_a = Wahrscheinlichkeit, dass das Los angenommen wird (Annahmewahrscheinlichkeit)

Die Wahrscheinlichkeit das Los anzunehmen ergibt sich aus Überlegungen, die auf dem BERNOULLI – Experiment basieren. Demnach beträgt die Wahrscheinlichkeit nach n Prüfungen bei einem Schlechtanteil p exakt i „schlechte" Proben zu erhalten [45]:

$$P(\text{"i Treffer"}) = \binom{n}{i} \cdot p^i \cdot (1-p)^{n-i} \qquad (6\text{-}10)$$

Die Wahrscheinlichkeit maximal A_c nicht akzeptierte Proben zu erhalten, ergibt sich aus der Summe der Einzelwahrscheinlichkeiten zu:

$$P(i \leq A_c) = \sum_{i=0}^{A_c} \binom{n}{i} \cdot p^i \cdot (1-p)^{n-i} \qquad (6\text{-}11)$$

Aufgrund der Situation bei Bauwerksprüfungen häufig nur eine begrenzte Anzahl an Stichproben entnehmen zu dürfen, wird auch danach gestrebt, die Annahmezahl möglichst gering zu halten. Es wird im Voraus davon ausgegangen keine, abzulehnenden Proben zu erhalten ($A_c = 0$). Diese Art der Versuchsführung wird in der einschlägigen Literatur als „Success – Run" bezeichnet [45].

Die Gleichung (6-11) kann somit folgendermaßen dargestellt werden:

$$P(i = 0) = \binom{n}{0} \cdot p^0 \cdot (1-p)^n = (1-p)^n \qquad (6\text{-}12)$$

P stellt dabei die Unsicherheit der angenommenen Hypothese dar.

Es kann somit festgestellt werden, wie viele Stichproben erforderlich sind, um auf ein Sicherheitsniveau schließen zu können.

Zur Untersuchung der Betondruckfestigkeit bei Stahlbetonbauten ist es zielführend, für die Druckfestigkeit den 5% Fraktilwert und eine Aussagesicherheit von 90%, bei großen Variationskoeffizienten 75% [24], zugrunde zu legen.

Geprüft wird, ob ein aus dem Fraktilwert abgeleiteter Wert, welcher noch zusätzliche Faktoren beinhalten kann, die mindestens zu erreichende Größe $f_{c,test,min}$ erreicht. Die erforderliche Anzahl an positiv geprüften Proben kann nach Gleichung (6-12) berechnet werden:

$$(1 - P) = (1 - p_5)^n \rightarrow n = \frac{\ln(1 - P)}{\ln(1 - p_5)}$$

$$(1 - 0{,}90) = (1 - 0{,}05)^n \rightarrow n = \frac{\ln 0{,}10}{\ln 0{,}95} = 45$$

(6-13)

Es sind somit 45 Proben zu entnehmen, von denen keine den Testwert $f_{c,test,min}$ unterschreiten darf, um mit einer Wahrscheinlichkeit von 90% aussagen zu können, dass nur 5% der Grundmenge unter dem Wert $f_{c,test,min}$ (für beliebige Testwerte $x_{,test,min}$) liegen.

Für bestehende Strukturen stellt eine Probenzahl von $n = 45$ eine in der Regel nicht realisierbare Größe dar. Es besteht die Möglichkeit, die erforderliche Anzahl der Proben n bei gleichbleibender Aussagewahrscheinlichkeit über den Fraktilwert zu reduzieren. Dafür muss der Testwert von $f_{c,test,min}$ auf $f_{c,test,min,cal}$ angehoben werden. Durch die Anhebung des Testwertes erreicht man im Falle eines „Success Run" - Tests von $n = 27$ Proben eine höhere Aussagesicherheit als die zuvor geforderten 90% [45].

Würden in diesem Falle der Fraktilwert und der damit in Verbindung stehende Wert $f_{c,test,min,cal}$ auf 25% angehoben und alle 27 Proben überschreiten diesen neuen Testwert, so läge die Aussagesicherheit bei:

$$W = 1 - (1 - p)^n = 1 - (1 - 0{,}25)^{27} = 0{,}9995$$

(6-14)

Um die zuvor festgelegte Aussagesicherheit von 90% zu erreichen, muss die Probenanzahl auf

$$(1 - 0{,}90) = (1 - 0{,}25)^n \rightarrow n = 8$$

(6-15)

Proben reduziert werden.

Das Los wird nicht mehr wie zu Beginn auf dem gemäß Norm üblichen 5% Fraktilwert, sondern auf einem 25% Fraktilwert geprüft, wodurch eine Einsparung an Stichproben erreicht werden kann.

MEHDIANPOUR gibt in [45] eine Vorgehensweise an, bei welcher die verschärfte Prüfbedingung $f_{c,test,min,cal}$, für beliebige Prüfbedingungen $x_{test,min,cal}$, errechnet wird mit:

$$\frac{z_{5\%}}{z_{25\%}} = \frac{x_{test,min} - \mu}{x_{test,min,cal} - \mu} \qquad (6\text{-}16)$$

Dabei gilt:

$z_{5\%}$ = Wert der standardisierten Normalverteilungsfunktion für den 5% Fraktilwert (1,645 aus PLATE [75] Anhang A Tabelle 1)

$z_{25\%}$ = Wert der standardisierten Normalverteilungsfunktion für den 25% Fraktilwert (0,675 aus PLATE [75] Anhang A Tabelle 1)

$x_{test,min}$ = Prüfbedingung

$x_{test,min,cal}$ = verschärfte Prüfbedingung

μ = Mittelwert der Grundgesamtheit (Schätzung oder Entnahme aus einschlägiger Literatur)

Im Falle der zuvor angeführten Prüfung der Betondruckfestigkeit bedeutet dies:

$$x_{test,min,cal} = \frac{0,675 \cdot x_{test,min} + 0,97 \cdot \mu}{1,645} \qquad (6\text{-}17)$$

Wird die Prüfbedingung $x_{test,min,cal}$ mit $n = 8$ aufeinanderfolgenden Stichprüfungen eingehalten, so kann folgende Aussage getroffen werden:

Der charakteristische Wert $x_{test,min}$ wird mit einer Aussagesicherheit von 90% nur von 5% der Grundgesamtheit unterschritten.

Die vorangehenden Überlegungen sind für normalverteilte Variablen gültig, können jedoch analog für andere Verteilungsformen und Fraktilwerte angewandt werden.

6.4.9.3 Bewertung gemäß EN 13791

Die EN 13791 [18] gibt alternativ zu den in Kapiteln 6.4.9.1 und 6.4.9.2 vorgestellten Methoden die Möglichkeit zur Schätzung der charakteristischen Druckfestigkeit von Betonproben in einem definierten Prüfbereich. Es werden dabei zwei unterschiedliche Verfahren, welche vom Probenumfang abhängen, unterschieden:

Fall A: Es stehen mindestens 15 Bohrkerne zur Verfügung.

Fall B: Es stehen 3 – 14 Bohrkerne zur Verfügung.

Da sich baupraktisch eine Entnahme von Betonbohrkernen als Schwächung des Querschnittes auswirkt, wird die Anzahl der Proben möglichst gering gehalten. Aus diesem Grund wird an dieser Stelle nur auf den Fall B eingegangen.

Der geschätzte Wert der charakteristischen Druckfestigkeit $f_{ck,is}$ des Prüfbereichs errechnet sich gemäß [18] folgendermaßen:

$$f_{ck,is} = min \begin{Bmatrix} f_{m(n),is} - k \\ f_{is,niedrigst} + 4 \end{Bmatrix} \qquad (6\text{-}18)$$

Dabei gilt:

$f_{ck,is}$	=	charakteristische Druckfestigkeit des Bauwerkbetons (*is* = in-situ)
$f_{m(n),is}$	=	Mittelwert von *n* Prüfergebnissen des Bauwerkbetons
$f_{is,niedrigst}$	=	niedrigstes Prüfergebnis der Druckfestigkeit des Bauwerkbetons
k	=	Faktor in Abhängigkeit der Probenanzahl *n*

n	k
10 – 14	5
7 – 9	6
3 – 6	7

Tabelle 6-9: Faktor k gemäß [18]

STEENBERGEN untersuchte in [91] die unterschiedlichen Ergebnisse der Schätzwerte von Betondruckfestigkeiten bei Anwendung der EN 13791 im Vergleich zur Anwendung der EN 1990 (ähnlich der variablen Methode). Anhand von 70 unterschiedlichen Tragwerken und mehr als 600 entnommenen Bohrproben konnte festgestellt werden, dass der Schätzwert der Betondruckfestigkeit gemäß EN 13791 [18] in allen Fällen höher liegt als jener Schätzwert, der mit der Methode gemäß EN 1990 [63] ermittelt wurde. Die geschätzte Druckfestigkeit für den untersuchten Bereich liegt gemäß [18] etwa um ca. 15% über der Ermittlung gemäß [63].

Es wird somit darauf hingewiesen, dass die Ermittlung des Schätzwertes der charakteristischen Betondruckfestigkeit gemäß [18] auf der unsicheren Seite liegt und die Anwendung für die Ermittlung der Tragwerksicherheit nicht empfohlen wird.

6.4.9.4 Schlussfolgerung

- Variable Methode

Die variable Methode erlaubt einen abgesicherten Rückschluss auf charakteristische Werte bzw. Mittelwerte bei bekannten Verteilungen und bekannten Mittelwerten. Im Falle einer Normalverteilung bzw. einer Lognormalverteilung werden Tabellen für die einfache Ermittlung der statistisch abgesicherten Werte zur Verfügung gestellt.

Zur Ermittlung der für die semi – probabilistischen Berechnung erforderlichen charakteristischen Materialkennwerte bietet diese Methode eine praxisgerechte Vorgehensweise.

- Attributive Methode

Bei dieser Methode wird ein Stichprobenlos auf eine Hypothese getestet. Es handelt sich dabei um eine „Ja – Nein" – Prüfung: Kann die Hypothese erfüllt werden oder wird diese abgelehnt? Die attributive Methode lässt jedoch keine Aussage über die tatsächlich vorhandenen Materialkennwerte zu.

Diese Prüfmöglichkeit bietet eine praktikable Möglichkeit, zum Beispiel die Betondruckfestigkeit direkt am Bauwerk auf ein Mindestkriterium zu prüfen und eine Aussage darüber zu treffen, ob dieses eingehalten werden konnte.

- EN 13791

Die Berechnung der charakteristischen Werte gemäß EN 13791 [18] wird vom Autor nur für eine schnelle Abschätzung der Materialkennwerte empfohlen. Wie bereits in Kapitel 6.4.9.3 beschrieben, wurde von STEENBERGEN in [91] festgestellt, dass die nach [18] ermittelten charakteristischen Werte zum Teil erheblich überschätzt werden. Es wird daher von der Ermittlung von charakteristischen Materialkennwerten nach [18] für eine Nachrechnung von bestehenden Strukturen abgeraten und stattdessen auf die variable Methode verwiesen.

6.5 Ermittlung der probabilistischen Parameter für Stahlbetontragwerke anhand von empirischen Daten

Mit Hilfe der in Kapitel 6.4 beschriebenen Methoden lassen sich die erforderlichen Materialparameter für eine probabilistische Berechnung eines Tragwerks ermitteln. Da diese Methoden jedoch je nach Erfordernis kostenintensiv werden können, wird in der Regel auf empirisch abgesicherte Daten zurückgegriffen.

6.5.1 Betondruckfestigkeit

Für die Ermittlung der probabilistischen Werte der Betondruckfestigkeit spielen der Mittelwert, die Varianz und der Verteilungstyp eine zentrale Rolle. In [69] werden in Tabelle 4 sowohl charakteristische Betondruckfestigkeiten als auch mittlere Würfeldruckfestigkeiten (nach 28 Tagen am 200 mm Würfel) historischer Betone zur Verfügung gestellt. Die Umrechnung auf den Mittelwert f_{cm} erfolgt gemäß Gleichung (6-1). Aufgrund dieser Berechnung geht für normalverteilte Druckfestigkeiten eine konstante Standardabweichung von $\sigma_{fc} \approx 5 N/mm^2$ für alle Festigkeitsklassen hervor, was einen Abfall des Variationskoeffizienten bei steigender Betonfestigkeit zur Folge hat. Diese Annahme beruht auf Untersuchungen von auf Baustellen entnommenen Stichproben gemäß RÜSCH et al. [78]. Neuere Publikationen wie z.B. STRAUSS [92] oder MELCHERS [44] schlagen eine Lognormalverteilung vor. Dadurch ist es möglich, praktisch unmögliche Werte (negative Festigkeiten) für die Betondruckfestigkeit zu verhindern und die oftmals beobachtete Linksschiefe abzubilden.

Mittelwert [N/mm²]	Verteilung	Standardabweichung [N/mm²]	Variations-koeffizient [-]	Literatur
< 55	LN	-	0,06	JCSS [31]
< 28	LN	-	0,10 – 0,20	MELCHERS [44]
< 50	LN	2,8 – 5,6	-	
< 20	N	-	0,15 – 0,30	SPAETHE [88]
≥ 20	N	3,0 – 6,0	-	
< 20	LN	-	0,15	STRAUSS [92]
≥ 20	N	3,0		

Tabelle 6-10: Statistische Parameter der Betondruckfestigkeit f_c bei Transportbeton

6.5.2 Betonzugfestigkeit

Die Betonzugfestigkeit spielt bei Querschnittsbetrachtungen eine untergeordnete Rolle. Im Grenzzustand der Tragfähigkeit kann diese in den meisten Fällen vernachlässigt werden. Für die Betonzugfestigkeit ist in der Regel eine größere Streuung als für die Betondruckfestigkeit anzunehmen. Gemäß SPAETHE [88] besteht zwischen der mittleren Betondruckfestigkeit und der mittleren Betonzugfestigkeit folgende Korrelation:

$$f_{ctm} = 0{,}3 \cdot f_{ck}^{(2/3)} \tag{6-19}$$

Nachfolgende Tabelle zeigt die in diversen Publikationen gewählten statistischen Parameter für die Betonzugfestigkeit.

Verteilung	Standardabweichung [N/mm²]	Variationskoeffizient [-]	Literatur
LN	-	0,30	JCSS [31]
N	-	0,15 – 0,30	SPAETHE [88]
LN	-	0,18 – 0,20	STRAUSS [92]

Tabelle 6-11: Statistische Parameter der Betonzugfestigkeit f_{ct}

6.5.3 Bruchenergie

Die Bruchenergie G_F und G_f sowie die wirksame Länge c_f sind wichtige Materialparameter für eine wirklichkeitsnahe Beschreibung der Rissbildung im Beton. Diese Parameter unterliegen, wie bereits die Betonzugfestigkeit, hohen zufälligen Streuungen. BAŽANT stellte in [6] statistische Modelle vor und definierte die Korrelation von G_F, G_f und c_f mit der Betondruckfestigkeit, der Zuschlagform, der Zuschlaggröße und dem Verhältnis von Wasser und Zement.

G_F und G_f und stellen unterschiedliche Bruchparameter dar. Während G_F mit Hilfe der work-of-fracture method (WFM) gemessen wird, erhält man G_f mittels der size-effect method (SEM). Es ist jedoch anzumerken, dass die Unsicherheiten der Bruchenergie G_F aufgrund des auslaufenden Astes, welcher hier beschrieben wird, wesentlich höher und schwieriger zu bestimmen sind.

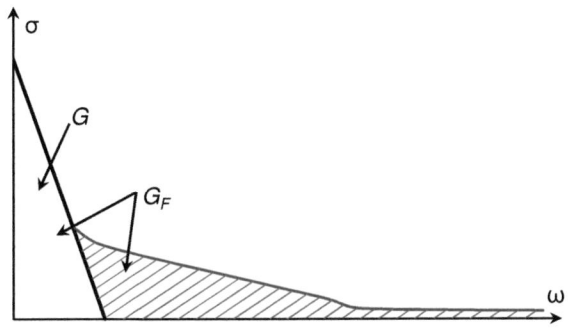

Abbildung 6-14: Bruchenergie G_F und G_f

BAŽANT gibt an, dass für die Berechnung bzw. Vorhersage der Maximalbelastung die Bruchenergie G_f zu verwenden ist, während er zur Berechnung der Energiedissipation bei Totalversagen auf G_F verweist. Für weitere Ausführungen sei an dieser Stelle auf [6] verwiesen.

Folgende Formulierungen für die Mittelwerte von G_f, G_F und c_f werden in [6] empfohlen:

$$G_f = \alpha_0 \cdot \left(\frac{f_c}{0{,}051}\right)^{0{,}46} \cdot \left(1 + \frac{d_a}{11{,}27}\right)^{0{,}22} \cdot \left(\frac{w}{c}\right)^{-0{,}30} \tag{6-20}$$

Normalverteilung; $CoV_{Gf} = 0{,}178$

$$G_F = 2{,}5 \cdot \alpha_0 \cdot \left(\frac{f_c}{0{,}051}\right)^{0{,}46} \cdot \left(1 + \frac{d_a}{11{,}27}\right)^{0{,}22} \cdot \left(\frac{w}{c}\right)^{-0{,}30} \tag{6-21}$$

Normalverteilung; $CoV_{GF} = 0{,}299$

$$c_f = exp\left[\gamma_0 \cdot \left(\frac{f_c}{0{,}022}\right)^{-0{,}019} \cdot \left(1 + \frac{d_a}{15{,}05}\right)^{0{,}72} \cdot \left(\frac{w}{c}\right)^{0{,}20}\right] \tag{6-22}$$

Lognormalverteilung; $CoV_{cf} = 0{,}476$

Dabei gilt:

α_0 = Parameter für die Kornform (Rundkorn: α_0 = 1,0 / Kantkorn: α_0 = 1,44)

γ_0 = Parameter für die Kornform (Rundkorn: γ_0 = 1,0 / Kantkorn: γ_0 = 1,20)

d_a = Durchmesser des Größtkorns

f_c = Betondruckfestigkeit

w/c = Wasserzementwert

6.5.4 Elastizitätsmodul (Beton)

Der Elastizitätsmodul von Beton wird im Gegensatz zur Betondruckfestigkeit und der Betonzugfestigkeit in den Regelwerken nicht als 5% Fraktilwert, sondern bereits als Mittelwert angegeben. Wie bereits bei der Zugfestigkeit besteht auch bei dem E – Modul eine Korrelation mit der Betondruckfestigkeit.

$$E_{cm} = 22 \cdot \left[\frac{f_{cm}}{10}\right]^{0,3} \qquad (6\text{-}23)$$

STRAUSS gibt in [92] für den E – Modul in Abhängigkeit der Produktion Variationskoeffizienten von CoV_{Ec} = 0,12 – 0,18 an. Aufgrund der Korrelation zur Druckfestigkeit wird auch hier eine Lognormalverteilung als Verteilungstyp gewählt.

6.5.5 Stahlzugfestigkeit

Die in Österreich verwendeten Bewehrungsstähle werden in der Regel in unterschiedliche Klassen (B500, B550, ...) unterteilt, wobei die Zahl in der Bezeichnung des Bewehrungsstahls die charakteristische Streckgrenze f_{yk} oder $f_{0,2k}$ darstellt.

Das Spannungs – Dehnungsdiagramm von warmgewalztem Stahl kann mit einer Genauigkeit von 1 bis 2% über eine bi – lineare Funktion angenähert werden, wobei sich der Elastizitätsmodul anfangs annähernd konstant mit dem Wert 205.000 N/mm^2 verhält. Für kaltverformte Stähle ist dieses Modell ebenfalls anwendbar, jedoch ist hier ein kontinuierlicher Verlauf realitätsnäher [31].

Die nachfolgende Tabelle soll einen Überblick über die in der Literatur vorgeschlagenen statistischen Parameter für die Streckgrenze geben:

Verteilung	Standard-abweichung [N/mm²]	Variations-koeffizient [-]	Literatur
N	30	-	JCSS [31]
LN	-	0,01 – 0,12	SPAETHE[4] [88]
N	-	0,02 – 0,026	STRAUSS [92]

Tabelle 6-12: Statistische Parameter der Streckgrenze f_y

Das JCSS gibt in [31] im Gegensatz zu [88] und [92] eine konstante Standardabweichung unabhängig von der Streckgrenze des Bewehrungsstahls an und definiert den Mittelwert der Streckgrenze f_{ym} mit:

$$f_{ym} = f_{yk} + 2\sigma_{fy} \qquad (6\text{-}24)$$

Für einen Bewehrungsstahl B550 würde gemäß Gleichung (6-24) somit ein Mittelwert von

---

[4] Mit zunehmender Stahlgüte fällt der Variationskoeffizient.

f_{ym} = 610 N/mm^2 mit einem Variationskoeffizienten von CoV_{fy} = 0,05 resultieren.

Die ÖNROM B 4700 [59] definierte den Zusammenhang zwischen der charakteristischen Streckgrenze f_{yk} und dem Mittelwert f_{ym} mit Gleichung (6-2). Legt man der Grundgesamtheit eine Normalverteilung zugrunde, so würden dabei folgende Werte resultieren.

f_{yk} = 550 N/mm^2

f_{ym} = 560 N/mm^2

σ_{fy} = 6,01 N/mm^2

CoV_{fy} = 0,01

Alle oben erwähnten Variationskoeffizienten bzw. Standardabweichungen berücksichtigen jedoch nicht die Schwankung der Querschnittsfläche des Bewehrungsstabes. In [31] wird diese Ungenauigkeit mit einem Variationskoeffizienten von CoV_{Ay} = 0,02 angegeben. Um diese Unschärfe bei der Berechnung nicht zusätzlich berücksichtigen zu müssen, kann diese alternativ zur Schwankung der Streckgrenze zugeschlagen werden.

6.5.6 Elastizitätsmodul (Stahl)

Der Elastizitätsmodul wird in den Rechenmodellen bereits mit seinem Mittelwert berücksichtigt. Das JCSS [31] schlägt für den Elastizitätsmodul einen deterministischen Wert von E_{ym} = 205.000 N/mm^2 vor und SPAETHE [88] empfiehlt weiters eine lognormale Streuung des E – Moduls mit einem Variationskoeffizienten von CoV_{Ey} = 0,02 – 0,06.

6.5.7 Bauteilabmessungen

Die geometrischen Abmessungen der Bauteile sind ebenfalls Schwankungen unterworfen. Im Gegensatz zu den Materialparametern liefern die Bauteilabmessungen jedoch sowohl einen Beitrag zur Einwirkung als auch zum Widerstand. Bei einer Streuung der Abmessungen ändern sich das Querschnittsvolumen und somit auch die Einwirkung aufgrund der Eigenlast, gleichzeitig ändern sich jedoch auch z.B. die statischen Nutzhöhen, die in den mechanischen Modellen berücksichtigt werden.

Diese Streuungen unterliegen in der Regel einer Normalverteilung. Gemäß SPAETHE [88] können Mittelwert und Standardabweichung der Abweichung wie folgt definiert werden:

Abmessungen	Mittelwert [mm]	Standardabweichung [mm]
$a_n \leq 1000\ mm$	0,003 a_n	4+0,006 a_n
$a_n > 1000\ mm$	3	10

Tabelle 6-13: Statistische Parameter der Bauteilabmessungen gemäß [88]

Durch Kontrolle der tatsächlichen Abmessungen am Bestandstragwerk können die Bauteilabmessungen durchaus als deterministischer Mittelwert in die probabilistische Berechnung einfließen. Viel mehr als die Ungenauigkeit aufgrund der Bauausführung sollten jedoch Betonabplatzungen oder andere Querschnittschwächungen berücksichtigt werden. Geeignete Modell dazu wurden von BRAML [10] entwickelt.

6.5.8 Betondeckung

Wie bereits bei den Bauteilabmessungen erläutert, unterliegt auch die Betondeckung c einer aus der Bauausführung resultierenden Streuung. Aufgrund des direkten Einflusses der Betondeckung auf die statische Nutzhöhe d ist es daher notwendig, diese als streuende Variable in die Berechnung einfließen zu lassen.

Im JCSS [31] wird für die Modellierung der Betondeckung nach Art der Bewehrungslage im Bauteil (oben bzw. unten) unterschieden und es werden folgende Mittelwerte μ_c und Standardabweichungen σ_c vorgeschlagen:

Lage	Verteilung	Mittelwert [mm]	Standardabweichung [mm]
oben	N	$c_{nom} + 10$	$5\ mm \leq \sigma_c \leq 10\ mm$
unten	N	$c_{nom} \pm 20$	$5\ mm$

Tabelle 6-14: Statistische Parameter der Betondeckung c

Weitere Unterscheidungen aufgrund des Bauteiltyps können [31] entnommen werden.

HOSSER et al. [29] geben hingegen für den Fall einer Eigenüberwachung während des Herstellungsprozesses und geeigneten dokumentierten Maßnahmen zur Sicherstellung des Herstellungsmaßes der Betondeckung an, dass, wenn in keiner Phase der Herstellung und an keiner Stelle des Bauteils das Mindestmaß der Betondeckung c_{min} unterschritten wird, eine Streuung von $\sigma_c = 6\ mm$, ansonsten von $\sigma_c = 8\ mm$ angenommen werden kann. Mit einem zusätzlichen Vorhaltemaß von $\Delta c = 10\ mm$ sollte die Sicherung des 5% Quantils für die Betondeckung eingehalten werden. Die Betondeckung gilt hierbei als normalverteilt.

Sollte jedoch eine Mindestbetondeckung von c_{min} an den Schwachstellen des Bauteils gesichert sein, so scheint es sinnvoll, die Verteilung an dieser Stelle zu stutzen, um praktisch unmögliche negative Betondeckungen zu verhindern (siehe STRAUSS [92]).

Somit können folgende Parameter für die Betondeckung festgelegt werden:

μ_c = c_{nom}

σ_c = $6\ mm\ (8\ mm)$

Stutzwert = c_0

6.5.9 Zusammenfassung

Auf Grundlage der in Kapitel 6.5.1 bis 6.5.8 beschriebenen statistischen Parameter wurden die in der folgenden Tabelle dargestellten Werte für die weiteren Berechnungen verwendet:

	Basisvariable	PDF	μ	CoV / σ	Anmerkung
Widerstand	Betondruckfestigkeit[5] f_{cm}	LN	1,0	3,0	
	Betonzugfestigkeit f_{ctm}	LN	1,0	0,18 – 0,20	
	Bruchenergie G_f	N	1,0	0,178	
	Elastizitätsmodul E_{cm}	LN	1,0	0,15	Lieferbeton
	Stahlstreckgrenze f_{ym}	N	1,0	0,05	
	Elastizitätsmodul E_{ym}	LN	1,0	0,05	
	Bauteilabmessungen h	N	1,0	0,02	
	Statische Nutzhöhe d^*	N	1,0	0,102 – 0,151	
	Betondeckung c	N	1,0	0,1 – 0,15	Stutzwert bei c_0
Modellunsicherheit	Querkrafttragfähigkeit $\Theta_{R(VR,c)}$	LN	1,0	0,15	
	Querkrafttragfähigkeit $\Theta_{R(VR,S)}$	LN	1,1	0,10	
	Querkrafttragfähigkeit $\Theta_{R(VR,max)}$	LN	1,1	0,15	
	Momententragfähigkeit $\Theta_{R(M)}$	LN	1,0	0,07	
	Normalkrafttragfähigkeit $\Theta_{R(N)}$	LN	1,0	0,05	
	Momentenbeanspruchung $\Theta_{E(M)}$	LN	1,0	0,20	Flächentragwerke
	Querkraftbeanspruchung $\Theta_{E(V)}$	LN	1,0	0,10	
	Normalkraftbeanspruchung $\Theta_{E(N)}$	LN	1,0	0,10	
Einw.	Eigenlast inkl. Ausbauten	N	1,0	0,05	
	Nutzlasten (ausgehend vom charakteristischen Wert)	N	0,86	0,10	LM71[6]
		N	0,75	0,20	

* Die statische Nutzhöhe d steht in direktem Zusammenhang mit der Bauteilabmessung h und der Betondeckung c. Durch die Variationskoeffizienten der unabhängigen Variablen h und c lässt sich gemäß [63] Formel (D.14b) der Variationskoeffizient für die Variable d ermitteln. In den nachfolgenden Berechnungen wird die statische Nutzhöhe jedoch nicht über die Basisvariable d, sondern über den Zusammenhang h-c definiert und berücksichtigt.

Tabelle 6-15: Für die Berechnung verwendete stochastische Parameter

---

[5] Für Betone mit einer mittleren Betondruckfestigkeit $f_{cm} \geq 20$ N/mm² (im Brückenbau üblich)

[6] Die in [65] verankerten Werte werden als 95% Fraktilwert angenommen und unter Annahme einer Normalverteilung mit $n = \infty$ auf den Mittelwert rückgerechnet.

7 Teilsicherheitsbeiwertekonzept zum Nachweis von historischen Stahlbetonbauwerken

In Kapitel 3.2 wurden bereits einige Methoden zur Berechnung der Zuverlässigkeit von bestehenden Tragwerken vorgestellt und beschrieben. Aufgrund der komplexen Materie der Stochastik konnten sich diese Berechnungsmethoden im Alltag des Ingenieurs jedoch noch nicht etablieren. Im folgenden Kapitel soll eine Methode zur Bestimmung des Zuverlässigkeitsindex, welche einen praxisgerechten Einsatz ermöglichen soll, vorgestellt werden.

7.1 Allgemeines

Die in den aktuellen Eurocodes ÖNORM EN 19xx festgelegten Teilsicherheitsbeiwerte der Einwirkungs- und der Widerstandsseite (Tabelle 7-1 und Tabelle 7-2) wurden über probabilistische Berechnungen ermittelt und festgelegt.

Widerstandsseite	
Beton (ständig u. vorübergehend)	$\gamma_c = 1{,}50$
Betonstahl (ständig u. vorübergehend)	$\gamma_s = 1{,}15$
Spannstahl (ständig u. vorübergehend)	$\gamma_s = 1{,}15$
Beton (außergewöhnlich)	$\gamma_c = 1{,}20$
Betonstahl (außergewöhnlich)	$\gamma_s = 1{,}00$
Spannstahl (außergewöhnlich)	$\gamma_s = 1{,}00$

Einwirkungsseite	
ständige Einwirkungen (ungünstig)	$\gamma_{G,sup} = 1{,}35$
ständige Einwirkungen (günstig)	$\gamma_{G,sup} = 1{,}00$
Verkehrslast in Form von Lastgruppen oder Einzelkomponenten (LM71, SW/0)	$\gamma_Q = 1{,}45$
Verkehrslast in Form von Lastgruppen oder Einzelkomponenten (SW/2)	$\gamma_Q = 1{,}20$
Einwirkungen aus Verkehr und anderen veränderlichen Einwirkungen	$\gamma_Q = 1{,}50$

Tabelle 7-1: Teilsicherheitsbeiwerte gemäß [64] und [66]

Widerstandsseite	
Beton (ständig u. vorübergehend)	$\gamma_c = 1{,}50$
Betonstahl (ständig u. vorübergehend)	$\gamma_s = 1{,}15$
Spannstahl (ständig u. vorübergehend)	$\gamma_s = 1{,}15$
Beton (außergewöhnlich)	$\gamma_c = 1{,}30$
Betonstahl (außergewöhnlich)	$\gamma_s = 1{,}00$
Spannstahl (außergewöhnlich)	$\gamma_s = 1{,}00$
Einwirkungsseite	
ständige Einwirkungen dauernd (ungünstig)	$\gamma_{G,sup} = 1{,}20$
ständige Einwirkungen nicht dauernd (ungünstig)	$\gamma_{G,sup} = 1{,}30$
ständige Einwirkungen dauernd und nicht dauernd (günstig)	$\gamma_{G,sup} = 1{,}00$
Verkehrslast (LM71, SW/0)	$\gamma_Q = 1{,}45$
Verkehrslast (SW/2)	$\gamma_Q = 1{,}20$
Einwirkungen aus Verkehr und anderen veränderlichen Einwirkungen	$\gamma_Q = 1{,}10$

Tabelle 7-2: Teilsicherheitsbeiwerte gemäß [69]

Der Hauptunterschied zwischen den in [64] und [66] genannten Teilsicherheitsbeiwerten zu den in [69] definierten Teilsicherheitsbeiwerten liegt bei jenen der Einwirkungsseite für ständige Lasten. Als Begründung dafür wird gemäß [69] die Möglichkeit zur genaueren Bestimmung der Abmessungen der Querschnitte und damit der tatsächlich vorhandenen Lasten gegeben. Daher wird gemäß [69] eine Reduktion des Teilsicherheitsbeiwertes $\gamma_{G,sup}$ auf 1,20 bzw. 1,30 erlaubt.

Die Festlegungen in Tabelle 7-1 basieren auf einem Zuverlässigkeitsindex von β = 3,8 bei einem Bezugszeitraum von 50 Jahren.

Die Berechnung des Ausnutzungsgrades

$$\eta = \frac{E_d}{R_d} \tag{7-1}$$

bei Bemessung eines Bauteils lässt jedoch keinen Rückschluss auf den vorhandenen Zuverlässigkeitsindex zu.

Wie bereits in Kapitel 2.2 beschrieben besteht die Möglichkeit, die Zielzuverlässigkeit von bestehenden Tragwerken aus Gründen der Wirtschaftlichkeit sowie aus Gründen einer verringerten Restlebensdauer zu reduzieren. Somit wird auch eine Reduktion der oben angeführten Teilsicherheitsbeiwerte möglich.

Mit der nachfolgend beschriebenen Methode sollen die erforderlichen Teilsicherheitsbeiwerte für Tragwerke der Österreichischen Bundesbahnen auf einen definierten Zuverlässigkeitsindex hin kalibriert werden, um so eine praxisgerechte Nachweisführung zu ermöglichen.

7.2 Vorgehensweise

Im Folgenden soll die Ermittlung der erforderlichen Teilsicherheitsbeiwerte zur Einhaltung eines definierten Zuverlässigkeitsindex beschrieben werden. Zusätzlich dazu kann eine Musterberechnung dem Anhang II entnommen werden.

Die Ermittlung stellt eine Verknüpfung des semi – probabilistischen Sicherheitskonzeptes mit den probabilistischen Berechnungsmethoden dar. Wie bereits in Kapitel 4.2 beschrieben, wird die Querkrafttragfähigkeit eines Bauteils durch drei Versagensmodelle bestimmt: Das Versagen der Querkraftbewehrung (Gleichung (4-13)), das Versagen des Bauteils ohne rechnerisch erforderliche Querkraftbewehrung (Gleichung (4-12)) und das Versagen der Betondruckstrebe (Gleichung (4-14)).

Die Vorgehensweise zur Ermittlung der Teilsicherheitsbeiwerte kann wie folgt beschrieben werden:

- Entwicklung der probabilistischen Grenzzustandsfunktion aus dem Bemessungsmodell
- Beschreibung einer Eingangsgröße (z.B. geometrische Größe) des Bemessungsmodells in Abhängigkeit der Teilsicherheitsbeiwerte und der gesuchten Größe des Bemessungsmodells
- Formulierung der probabilistischen Grenzzustandsfunktion in Abhängigkeit der Teilsicherheitsbeiwerte – Substitution der streuenden Eingangsgröße durch deren Teilsicherheitsbeiwerte basierten Formulierung
- Definition eines Zielzuverlässigkeitsindex der betrachteten Grenzzustandsfunktion
- iterative Anpassung der Teilsicherheitsbeiwerte bis zur Erfüllung der Zielzuverlässigkeitsvorgaben
- abschließende semi – probabilistische Nachweisführung mit den aktualisierten Teilsicherheitsbeiwerten

Diese Vorgehensweise wurde auch von STEENBERGEN in [89] für die Betrachtung von Straßenbrücken in Holland für den Querkraftnachweis bei Versagen des Bauteils ohne rechnerisch erforderliche Querkraftbewehrung verwendet.

In den folgenden Kapiteln soll diese Möglichkeit auf alle drei Versagensmechanismen bei Querkraftversagen und bei einem Biegezugversagen angewendet werden.

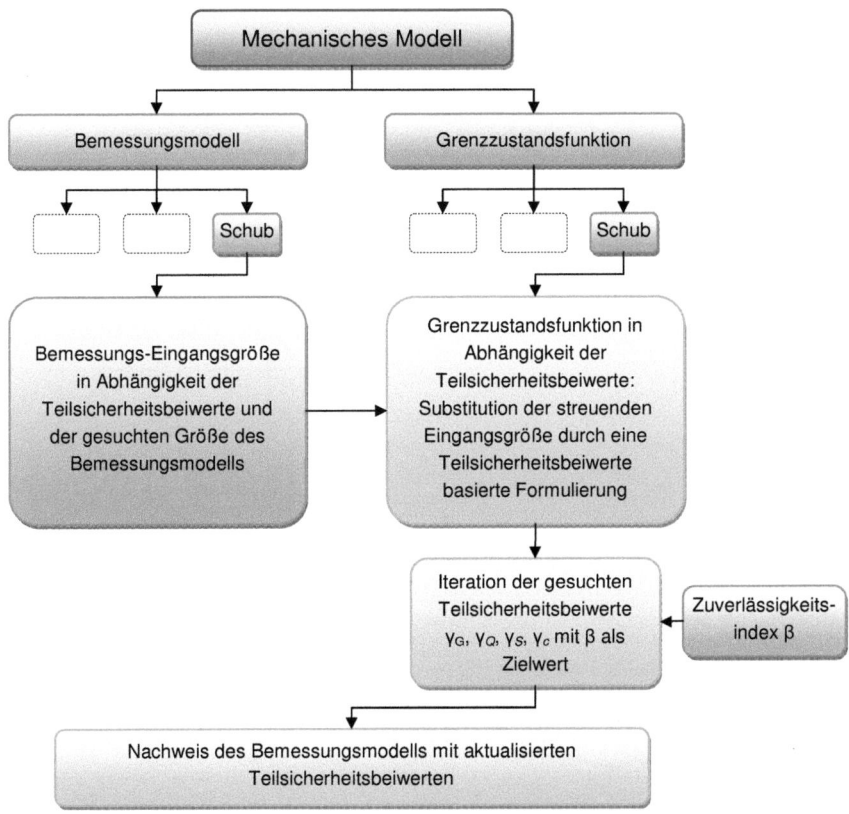

Abbildung 7-1: Konzeptionelle Vorgehensweise für die inverse Bestimmung von Teilsicherheitsbeiwerten

7.3 Ermittlung der erforderlichen Teilsicherheitsbeiwerte zur Einhaltung festgelegter Zuverlässigkeitsindizes für den Querkraftnachweis

7.3.1 Querkraftnachweis des Bauteils ohne rechnerisch erforderliche Schubbewehrung

Als erste Versagensform soll die Überschreitung des Widerstandes ohne rechnerisch erforderliche Schubbewehrung beschrieben werden.

Gemäß der in Kapitel 7.2 ausgeführten Vorgehensweise wird wie folgt vorgegangen:

1. Allgemeine Bemessungsbedingung aus Gleichung (2-4) in Verbindung mit dem mechanischen Modell aus Gleichung (4-12):

$$\left[\frac{0{,}18}{\gamma_c} \cdot \left(1 + \sqrt{\frac{200}{d}}\right) \cdot (100 \cdot \rho \cdot f_{ck})^{1/3} + 0{,}15 \cdot \sigma_{cp}\right] \cdot b_w \cdot d = (\gamma_G \cdot V_{G,k} + \gamma_Q \cdot V_{Q,k}) \quad (7\text{-}2)$$

Dabei gilt:

$$\tau_{c,k} = \left[0{,}18 \cdot \left(1 + \sqrt{\frac{200}{d}}\right) \cdot (100 \cdot \rho \cdot f_{ck})^{1/3}\right] \quad (7\text{-}3)$$

Für $\sigma_{cp} = 0$ lässt sich die Gleichung (7-2) folgendermaßen vereinfachen:

$$b_w \cdot d \cdot \frac{\tau_{c,k}}{\gamma_c} = (\gamma_G \cdot V_{G,k} + \gamma_Q \cdot V_{Q,k}) \quad (7\text{-}4)$$

2. Umformulieren der Bemessungsbedingung auf die geometrische Bauteilgröße

Im Falle des betrachteten Versagensmechanismus erfolgt das Umformulieren der Gleichung (7-4) bei Annahme einer Bauteilbreite von $b_w = 1{,}0\ m$ auf die statische Nutzhöhe d mit:

$$d = (\gamma_G \cdot V_{G,k} + \gamma_Q \cdot V_{Q,k}) \cdot \frac{\gamma_c}{\tau_{c,k}} \quad (7\text{-}5)$$

3. Probabilistische Grenzzustandsfunktion für ein Versagen des Bauteils ohne rechnerisch erforderliche Schubbewehrung

Die probabilistische Grenzzustandsfunktion $\widetilde{G}(V_{R,c})$ wurde bereits in Kapitel 4.3.2 behandelt und wird hier der Form halber noch einmal dargestellt:

$$\widetilde{G}(V_{R,c}) = \Theta_{R(VR,c)} \cdot \tau_c \cdot d - (\Theta_{E(VG)} \cdot V_G + \Theta_{E(VQ)} \cdot V_Q)$$

Dabei gilt:

$$\tau_c = \left[0{,}27 \cdot \left(1 + \sqrt{\frac{200}{d}}\right) \cdot (100 \cdot \rho \cdot f_c)^{1/3}\right]$$

4. Einsetzen der Gleichung (7-5) in die Grenzzustandsfunktion $\widetilde{G}(V_{R,c})$

$$\widetilde{G}(V_{R,c}) = \Theta_{M(VR,c)} \cdot \tau_c \cdot (\gamma_G \cdot V_{G,k} + \gamma_Q \cdot V_{Q,k}) \cdot \frac{\gamma_c}{\tau_{c,k}} - (\Theta_{E(VG)} \cdot V_G + \Theta_{E(VQ)} \cdot V_Q) \quad (7\text{-}6)$$

5. Iteration der Teilsicherheitsbeiwerte

Als letzter Schritt erfolgt die Berechnung der Grenzzustandsfunktion aus Gleichung (7-11). Dies erfolgt in der Regel computerunterstützt mit Hilfe einer Statistiksoftware. Für Berechnungen im Zuge der vorliegenden Arbeit wurde die Software FReET [49] verwendet. Die Teilsicherheitsbeiwerte sind in weiterer Folge bis zum Erreichen der geforderten Zielzuverlässigkeit zu iterieren.

7.3.2 Querkraftnachweis bei Versagen der Querkraftbewehrung

1. *Allgemeine Bemessungsbedingung aus Gleichung (2-4) in Verbindung mit dem mechanischen Modell aus Gleichung (4-13)*

$$\frac{A_{sw}}{s} \cdot z \cdot \frac{f_{yw,k}}{\gamma_s} \cdot (\cot\theta + \cot\alpha) \cdot \sin\alpha = (\gamma_G \cdot V_{G,k} + \gamma_Q \cdot V_{Q,k}) \tag{7-7}$$

Mit

$$\tau_{y,k} = \frac{A_{sw}}{s} \cdot f_{yw,k} \cdot (\cot\theta + \cot\alpha) \cdot \sin\alpha \tag{7-8}$$

lässt sich die Gleichung (7-7) folgendermaßen vereinfachen:

$$\tau_{y,k} \cdot z \cdot \frac{1}{\gamma_s} = (\gamma_G \cdot V_{G,k} + \gamma_Q \cdot V_{Q,k}) \tag{7-9}$$

2. *Umformulieren der Bemessungsbedingung auf die geometrische Bauteilgröße*

Im Falle des betrachteten Versagensmechanismus erfolgt das Umformulieren der Gleichung (7-9) auf den inneren Hebelarm z durch:

$$z = (\gamma_G \cdot V_{G,k} + \gamma_Q \cdot V_{Q,k}) \cdot \frac{\gamma_s}{\tau_{y,k}} \tag{7-10}$$

3. *Probabilistische Grenzzustandsfunktion für ein Versagen der Querkraftbewehrung*

Die probabilistische Grenzzustandsfunktion $\widetilde{G}(V_{R,S})$ wurde bereits in Kapitel 4.3.2 behandelt und wird hier der Form halber noch einmal dargestellt:

$$\widetilde{G}(V_{R,S}) = \Theta_{R(VR,S)} \cdot \tau_y \cdot z - (\Theta_{E(VG)} \cdot V_G + \Theta_{E(VQ)} \cdot V_Q)$$

Dabei gilt:

$$\tau_y = \frac{A_{sw}}{s} \cdot f_{yw} \cdot (\cot\theta + \cot\alpha) \cdot \sin\alpha$$

4. *Einsetzen der Gleichung (7-10) in die Grenzzustandsfunktion $\widetilde{G}(V_{R,S})$*

$$\widetilde{G}(V_{R,S}) = \Theta_{R(VR,S)} \cdot \tau_y \cdot (\gamma_G \cdot V_{G,k} + \gamma_Q \cdot V_{Q,k}) \cdot \frac{\gamma_s}{\tau_{y,k}} - (\Theta_{E(VG)} \cdot V_G + \Theta_{E(VQ)} \cdot V_Q) \tag{7-11}$$

5. *Iteration der Teilsicherheitsbeiwerte*

Siehe Punkt (5) Kapitel 7.3.1.

7.3.3 Querkraftnachweis beim Versagen der Druckstrebe

1. *Allgemeine Bemessungsbedingung aus Gleichung (2-4) in Verbindung mit dem mechanischen Modell aus Gleichung (4-14)*

$$\alpha_{cw} \cdot b_w \cdot z \cdot \left(0{,}6 \cdot \left(1 - \frac{f_{ck}}{250}\right)\right) \cdot \frac{f_{ck}}{\gamma_c} \cdot \left(\frac{\cot\theta + \cot\alpha}{1 + \cot^2\theta}\right) = \left(\gamma_G \cdot V_{G,k} + \gamma_Q \cdot V_{Q,k}\right) \quad (7\text{-}12)$$

Mit

$$\tau_{c,max,k} = \alpha_{cw} \cdot \left(0{,}6 \cdot \left(1 - \frac{f_{ck}}{250}\right)\right) \cdot f_{ck} \cdot \left(\frac{\cot\theta + \cot\alpha}{1 + \cot^2\theta}\right) \quad (7\text{-}13)$$

lässt sich die Gleichung (7-12) folgendermaßen vereinfachen:

$$b_w \cdot z \cdot \frac{\tau_{c,max,k}}{\gamma_c} = \left(\gamma_G \cdot V_{G,k} + \gamma_Q \cdot V_{Q,k}\right) \quad (7\text{-}14)$$

2. *Umformulieren der Bemessungsbedingung auf die geometrische Bauteilgröße*

Im Falle des betrachteten Versagensmechanismus erfolgt das Umformulieren der Gleichung (7-14) bei Annahme einer Bauteilbreite von b_w = 1,0 m auf den inneren Hebelsarm z zu:

$$z = \left(\gamma_G \cdot V_{G,k} + \gamma_Q \cdot V_{Q,k}\right) \cdot \frac{\gamma_c}{\tau_{c,max,k}} \quad (7\text{-}15)$$

3. *Probabilistische Grenzzustandsfunktion für ein Versagen der Betondruckstrebe*

Die probabilistische Grenzzustandsfunktion $\widetilde{G}(V_{R,max})$ wurde bereits in Kapitel 4.3.2 behandelt und wird hier der Form halber noch einmal dargestellt.

$$\widetilde{G}(V_{R,max}) = \Theta_{R(VR,max)} \cdot \tau_{c,max} \cdot b_w \cdot z - \left(\Theta_{E(VG)} \cdot V_G + \Theta_{E(VQ)} \cdot V_Q\right)$$

Dabei gilt:

$$\tau_{c,max} = \alpha_{cw} \cdot \nu_1 \cdot f_c \cdot \left(\frac{\cot\theta + \cot\alpha}{1 + \cot^2\theta}\right)$$

und

$$\nu_1 = 0{,}6 \cdot \left(1 - \frac{f_{cm}}{250}\right)$$

4. *Einsetzen der Gleichung (7-15) in die Grenzzustandsfunktion $\widetilde{G}(V_{R,max})$*

$$\widetilde{G}(V_{R,max}) = \Theta_{R(VR,max)} \cdot \tau_{c,max} \cdot \left(\gamma_G \cdot V_{G,k} + \gamma_Q \cdot V_{Q,k}\right) \cdot \frac{\gamma_c}{\tau_{c,max,k}} - \left(\Theta_{E(VG)} \cdot V_G + \Theta_{E(VQ)} \cdot V_Q\right) \quad (7\text{-}16)$$

5. *Iteration der Teilsicherheitsbeiwerte*

Siehe Punkt (5) Kapitel 7.3.1.

7.3.4 Anwendungsbeispiel zur Reduktion der Teilsicherheitsbeiwerte γ_G und γ_Q

Die Berechnungsmethodik zur Ermittlung der erforderlichen Teilsicherheitsbeiwerte wird im folgenden Kapitel am Beispiel des in Kapitel 6 beschriebenen Tragwerks der Österreichischen Bundesbahnen demonstriert.

Für das vorliegende Beispiel wurde der Querschnitt im Bereich der maximalen Querkraft bei Achse 1 in einem Abstand von 50 cm vom Auflager untersucht. Aus der Bestandsplanung [71] konnte entnommen werden, dass als Querkraftbewehrung die unter 45° aufgebogene Längsbewehrung anzurechnen ist.

Weitere zur Berechnung erforderliche Basisvariablen wurden ebenfalls [70] und [71] entnommen und in Tabelle 7-3 zusammengefasst:

	Basisvariable	Wert	Anmerkung
Widerstand	Schubbewehrung A_{sw}*	5,24 cm^2/m	11 Ø 18 bei b = 5,33 m
	Bügelabstand s*[7]	45 cm	
	Neigung der Schubbewehrung α*	45° (0,78 rad)	
	Betondruckstrebenneigung θ	31° (0,54 rad)	gemäß [53]
	Betondeckung c	5,0 cm	Annahme
	Bauteilhöhe h*	57 cm	
	Statische Nutzhöhe d	52 cm	$d = h-c$
	Längsbewehrung A_{sl}*	53,43 cm^2	21 Ø 18 bei b = 5,33 m
	Bewehrungsgehalt ρ	0,0019	$\rho = \dfrac{A_{sl}}{b \cdot d}$
	Betondruckfestigkeit f_{ck}	18,3 N/mm^2	B300 (1958) gemäß [69]
	Stahlstreckgrenze f_{yk}	400 N/mm^2	Torstahl 40 (1958) gemäß [69]
Einw.	Querkraft zufolge der Konstruktion $V_{G,k}$	30,84 kN/m	inkl. Ausbaulasten
	Querkraft zufolge der Nutzlast $V_{Q,k}$	52,30 kN/m	LM71 gemäß [65]

* Mittelwert

Tabelle 7-3: Basisvariablen zur Ermittlung der erforderlichen Teilsicherheitsbeiwerte

Die in Tabelle 7-3 ausgewiesenen Daten stellen die Mittelwerte- bzw. die charakteristischen Werte der Basisvariablen dar.

---

[7] Für die probabilistische Berechnung wird eine Standardabweichung von ±3,0 cm für die Verlegeungenauigkeit angenommen.

Im ersten Schritt werden die Teilsicherheitsbeiwerte γ_S, γ_c, γ_G und γ_Q gemäß Tabelle 7-1 und Tabelle 7-2 in der Berechnung berücksichtigt.

Mit Hilfe der Software FReET [49] wird die Grenzzustandsfunktion (Gleichung (7-11)) berechnet. Für die Berechnung wurde das Simulationsverfahren „Latin Hypercube Sampling (LHS – mean)" (siehe Kapitel 3.2.4.2) mit einer Anzahl von 100 Simulationen verwendet. Eine statistische Korrelation der Basisvariablen wurde mit Hilfe einer Korrelationsmatrix ausgeschlossen.

Die Festlegung der Nutzlasten erfolgte gemäß [65] für Brückentragwerke der Österreichischen Bundesbahnen. Da keine Daten bezüglich des tatsächlichen Schienenverkehrs für dieses Tragwerk zur Zeit der Berechnung vorhanden waren, wurden die Belastungen gemäß [65] als 95% Fraktilwert angenommen. Für den Variationskoeffizienten wurden zwei Ansätze (siehe Tabelle 6-15) gewählt.

Mit Hilfe einer Sensitivitätsanalyse wurde im Zuge der Berechnung zusätzlich die Wichtung der Basisvariablen bei Variation des Variationskoeffizienten der Nutzlast ermittelt. Die Wichtungsfaktoren α_i^2 spiegeln dabei den Einfluss der jeweiligen Basisvariablen wider.

7.3.4.1 Nachweis bei Versagen des Bauteils ohne rechnerisch erforderliche Querkraftbewehrung

Für den Grenzzustand eines Bauteils ohne rechnerisch erforderliche Querkraftbewehrung wurde festgestellt, dass die Basisvariable der Modellunsicherheit $\Theta_{R(VR,c)}$ das Ergebnis der probabilistischen Berechnung mit einem Wichtungsfaktor von $\alpha_{\Theta R(VR,c)}^2 \approx 0{,}86$ beeinflusst. Der Einfluss der Druckfestigkeit ist mit einem Wert von $\alpha_{fc}^2 = 0{,}08 - 0{,}09$ vernachlässigbar gering.

Basisvariable X_i	Wichtungsfaktor α_i^2	
	$CoV_{VQ} = 0{,}1$	$CoV_{VQ} = 0{,}2$
$\Theta_{R(VR,c)}$	0,86	0,85
f_c	0,08	0,09
V_Q	0,02	0,03
h	0,01	0,01
$\Theta_{E(VG)}$	0,01	0,01
$\Theta_{E(VQ)}$	0,01	0,01
V_G	<0,00	<0,00
c	0,01	<0,00

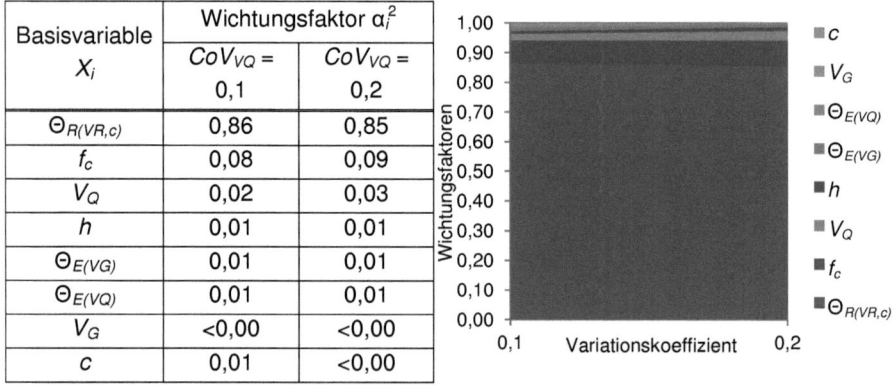

Tabelle 7-4: Wichtungsfaktoren α_i^2 bei Variation des Variationskoeffizienten CoV_{VQ} der veränderlichen Einwirkung für $\tilde{G}(V_{R,c})$

Für die Ermittlung der erforderlichen Teilsicherheitsbeiwerte $\gamma_{G,cal}$ und $\gamma_{Q,cal}$ bei festgelegten Mindestzuverlässigkeitsindizes wurden die Teilsicherheitsbeiwerte γ_G und γ_Q gleichermaßen durch einen Vorfaktor η abgemindert. Der Teilsicherheitsbeiwert des Widerstandes γ_s wird dabei bei beiden Varianten auf dem Niveau gemäß Tabelle 7-1 gehalten.

Als Bezugszeitraum für die Berechnung wird eine Dauer von sechs Jahren angenommen, was gemäß [81] dem Intervall einer Brückenhauptprüfung durch einen fachkundigen Ingenieur entspricht. Wie bereits in Kapitel 2.2.5 erläutert kann es für bestehende Tragwerke sinnvoll sein, den erforderlichen Zuverlässigkeitsindex β gegenüber dem in [63] vorgeschlagenen Wert zu reduzieren.

Für das vorliegende Tragwerk wurden folgende Zuverlässigkeitsindizes festgelegt:

β = 4,30

β_r = 3,80

β_l = 2,90

Durch das in 7.3.2 beschriebene Verfahren ist es möglich, die Teilsicherheitsbeiwerte zur Einhaltung der zuvor genannten Zuverlässigkeitsbeiwerte iterativ zu ermitteln.

β_{erf}	Bezugszeitraum	$\gamma_{G,cal} = \eta \, \gamma_G$	$\gamma_{Q,cal} = \eta \, \gamma_Q$	β_{cal}
4,30	6	1,08	1,16	≈ 4,30
3,80	6	0,88	0,94	≈ 3,80
2,90	6	0,68	0,73	≈ 2,95

Tabelle 7-5: Erforderliche Teilsicherheitsbeiwerte im Grenzzustand $\tilde{G}(V_{R,c})$ zur Einhaltung festgelegter Zuverlässigkeitsindizes bei gleichzeitiger Reduktion der Teilsicherheitsbeiwerte durch den Faktor η $(\gamma_c = 1,5; CoV_{VQ} = 0,1)$

β_{erf}	Bezugszeitraum	$\gamma_{G,cal} = \eta \, \gamma_G$	$\gamma_{Q,cal} = \eta \, \gamma_Q$	β_{cal}
4,30	6	1,08	1,16	≈ 4,36
3,80	6	0,88	0,94	≈ 3,88
2,90	6	0,61	0,65	≈ 2,77

Tabelle 7-6: Erforderliche Teilsicherheitsbeiwerte im Grenzzustand $\tilde{G}(V_{R,c})$ zur Einhaltung festgelegter Zuverlässigkeitsindizes bei gleichzeitiger Reduktion der Teilsicherheitsbeiwerte durch den Faktor η $(\gamma_c = 1,5; CoV_{VQ} = 0,2)$

7.3.4.2 Nachweis bei Versagen der Querkraftbewehrung

Aus Tabelle 7-7 geht hervor, dass die Modellunsicherheit $\Theta_{R(VR,S)}$ für die Berechnung der erforderlichen Teilsicherheitsbeiwerte das Resultat mit einer Wichtung von $\alpha_{\Theta R(VR,S)}^2$ = 0,52 bzw. 0,47 beeinflusst. Die Querkraft infolge der veränderlichen Lasten V_Q ist bei einem CoV_{VQ} = 0,1 vernachlässigbar gering und gewinnt erst mit steigendem Variationskoeffizienten an Bedeutung.

Einen weitaus größeren Einfluss dagegen kann dem Abstand s der Querkraftbewehrung mit einer Wichtung von α_s^2 = 0,32 bzw. 0,27 zugeordnet werden.

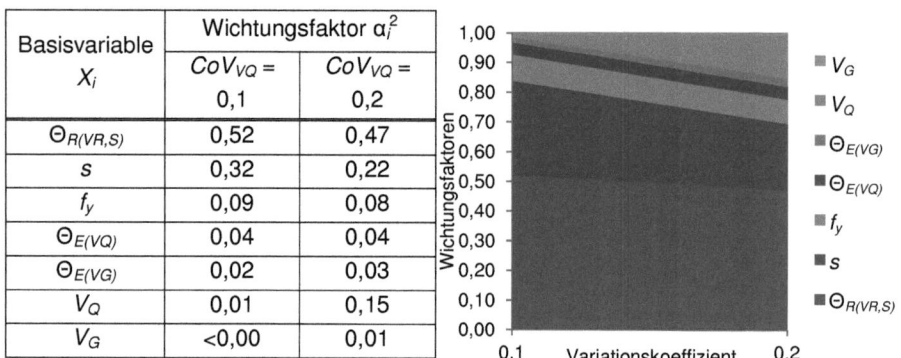

Basisvariable X_i	Wichtungsfaktor α_i^2	
	CoV_{VQ} = 0,1	CoV_{VQ} = 0,2
$\Theta_{R(VR,S)}$	0,52	0,47
s	0,32	0,22
f_y	0,09	0,08
$\Theta_{E(VQ)}$	0,04	0,04
$\Theta_{E(VG)}$	0,02	0,03
V_Q	0,01	0,15
V_G	<0,00	0,01

Tabelle 7-7: Wichtungsfaktoren α_i^2 bei Variation des Variationskoeffizienten CoV_{VQ} der veränderlichen Einwirkung $\tilde{G}(V_{R,s})$

Die Ermittlung der Teilsicherheitsbeiwerte $\gamma_{G,cal}$ und $\gamma_{Q,cal}$ erfolgt ebenfalls durch ein Variieren der Teilsicherheitsbeiwerte γ_G und γ_Q der Einwirkungsseite mit einem Vorfaktor η für einen Bezugszeitraum von sechs Jahren. Durch die iterative Berechnung konnten folgende Teilsicherheitsbeiwerte zur Einhaltung der geforderten Zuverlässigkeit ermittelt werden:

β_{erf}	Bezugszeitraum	$\gamma_{G,cal}$ = $\eta\, \gamma_G$	$\gamma_{Q,cal}$ = $\eta\, \gamma_Q$	β_{cal}
4,30	6	1,55	1,67	≈ 4,26
3,80	6	1,35	1,45	≈ 3,72
2,90	6	1,08	1,16	≈ 2,83

Tabelle 7-8: Erforderliche Teilsicherheitsbeiwerte im Grenzzustand $\tilde{G}(V_{R,S})$ zur Einhaltung festgelegter Zuverlässigkeitsindizes bei gleichzeitiger Reduktion der Teilsicherheitsbeiwerte durch den Faktor η (γ_s = 1,15; CoV_{VQ} = 0,1)

β_{erf}	Bezugszeitraum	$\gamma_{G,cal} = \eta\, \gamma_G$	$\gamma_{Q,cal} = \eta\, \gamma_Q$	β_{cal}
4,30	6	1,55	1,67	≈ 4,38
3,80	6	1,35	1,45	≈ 3,84
2,90	6	1,08	1,16	≈ 3,00

Tabelle 7-9: Erforderliche Teilsicherheitsbeiwerte im Grenzzustand $\tilde{G}\,(V_{R,S})$ zur Einhaltung festgelegter Zuverlässigkeitsindizes bei gleichzeitiger Reduktion der Teilsicherheitsbeiwerte durch den Faktor η $(\gamma_s = 1{,}15;\ CoV_{VQ} = 0{,}2)$

7.3.4.3 Nachweis bei Versagen der Betondruckstrebe

Als letzter Grenzzustand wurde das Versagen der Betondruckstrebe bei Querkraftbeanspruchung untersucht. Im Gegensatz zum Grenzzustand bei Versagen des Bauteils ohne rechnerisch erforderliche Querkraftbewehrung konnte neben der Modellunsicherheit $\Theta_{R(VR,max)}$ mit einem Wichtungsfaktor von $\alpha_{\Theta R(VR,max)}^2 \approx 0{,}65$ auch eine maßgebende Beteiligung der Betondruckfestigkeit f_c mit $\alpha_{fc}^2 = 0{,}31 - 0{,}33$ am Ergebnis festgestellt werden.

Weiters ist anzumerken, dass bei Erhöhung des Variationskoeffizienten der veränderlichen Einwirkung CoV_{VQ} von 0,1 auf 0,2 der Einfluss der Modellunsicherheit annähernd gleich bleibt, während sich der Einfluss der einwirkenden Querkraft zufolge der veränderlichen Belastung von α_{VQ}^2 erhöht.

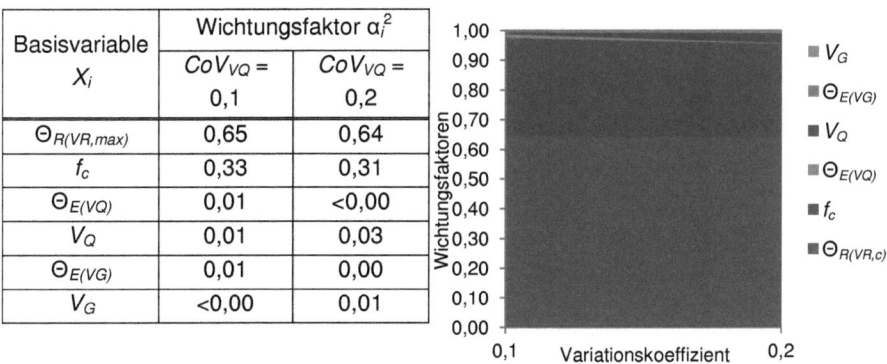

Basisvariable X_i	Wichtungsfaktor α_i^2	
	$CoV_{VQ} = 0{,}1$	$CoV_{VQ} = 0{,}2$
$\Theta_{R(VR,max)}$	0,65	0,64
f_c	0,33	0,31
$\Theta_{E(VQ)}$	0,01	<0,00
V_Q	0,01	0,03
$\Theta_{E(VG)}$	0,01	0,00
V_G	<0,00	0,01

Tabelle 7-10: Wichtungsfaktoren α_i^2 bei Variation des Variationskoeffizienten CoV_{VQ} der veränderlichen Einwirkung für $\tilde{G}\,(V_{R,max})$

Für die erforderlichen Teilsicherheitsbeiwerte zur Einhaltung der festgelegten Zuverlässigkeitsindizes wurden durch die iterative Berechnung folgende Ergebnisse erzielt:

β_{erf}	Bezugszeitraum	$\gamma_{G,cal} = \eta\, \gamma_G$	$\gamma_{Q,cal} = \eta\, \gamma_Q$	β_{cal}
4,30	6	1,76	1,89	≈ 4,31
3,80	6	1,22	1,31	≈ 3,72
2,90	6	0,88	0,94	≈ 3,00

Tabelle 7-11: Erforderliche Teilsicherheitsbeiwerte im Grenzzustand $\tilde{G}(V_{R,max})$ zur Einhaltung festgelegter Zuverlässigkeitsindizes bei gleichzeitiger Reduktion der Teilsicherheitsbeiwerte durch den Faktor η ($\gamma_c = 1,5$; $CoV_{VQ} = 0,1$)

β_{erf}	Bezugszeitraum	$\gamma_{G,cal} = \eta\, \gamma_G$	$\gamma_{Q,cal} = \eta\, \gamma_Q$	β_{cal}
4,30	6	1,62	1,74	≈ 4,29
3,80	6	1,35	1,45	≈ 3,90
2,90	6	0,81	0,87	≈ 2,87

Tabelle 7-12: Erforderliche Teilsicherheitsbeiwerte im Grenzzustand $\tilde{G}(V_{R,max})$ zur Einhaltung festgelegter Zuverlässigkeitsindizes bei gleichzeitiger Reduktion der Teilsicherheitsbeiwerte durch den Faktor η ($\gamma_c = 1,5$; $CoV_{VQ} = 0,2$)

7.3.4.4 Zusammenfassung und Interpretation

Mit dem in Kapitel 7.2 vorgestellten Rechenmodell wurden für das in Kapitel 6.2 beschriebene Brückentragwerk der Österreichischen Bundesbahnen die für die Berechnung erforderlichen Teilsicherheitsbeiwerte zur Einhaltung definierter Zuverlässigkeitsindizes ermittelt.

Für die Grenzzustände $\tilde{G}(V_{R,S})$ und $\tilde{G}(V_{R,max})$ wurde bei Verwendung der in der Tabelle 7-1 bzw. Tabelle 7-2 verwendeten Teilsicherheitsbeiwerte ein Zuverlässigkeitsindex von $\beta \approx 3,8$ ermittelt, was dem in [63] definierten Zuverlässigkeitsindex für einen Betrachtungszeitraum von 50 Jahren entspräche. Lediglich für den Grenzzustand $\tilde{G}(V_{R,c})$ wurde ein Zuverlässigkeitsindex von $\beta \approx 4,7$ errechnet.

Für Bestandstragwerke ist es möglich, wie bereits in Kapitel 2.2.5 beschrieben, den geforderten Zuverlässigkeitsindex aufgrund einer verkürzten Lebensdauer zu reduzieren. Aufgrund dieser Abminderung des Zuverlässigkeitsindex ergibt sich ebenfalls eine mögliche Reduktion der Teilsicherheitsbeiwerte zur Einhaltung der definierten Zuverlässigkeit.

Die Ergebnisse in den zuvor angeführten Tabellen sind daher wie folgt zu interpretieren:

Für den Grenzzustand $\tilde{G}(V_{R,S})$ muss, zur Einhaltung einer Zuverlässigkeit von $\beta = 2,90$, der Nachweis gemäß Gleichung (2-4) mit Gleichung (4-11) für die Einwirkung, und Gleichung (4-13) für den Widerstand mit den in Tabelle 7-8 und Tabelle 7-9 ermittelten Teilsicherheitsbeiwerten $\gamma_{G,cal}$ und $\gamma_{Q,cal}$ erfüllt werden.

Kann der Nachweis auch mit den reduzierten Teilsicherheitsbeiwerten nicht erfüllt werden, besteht die Möglichkeit, die Teilsicherheitsbeiwerte weiter zu reduzieren, was jedoch eine

Abnahme der erreichten Zuverlässigkeit zur Folge hat (siehe Abbildung 7-2).

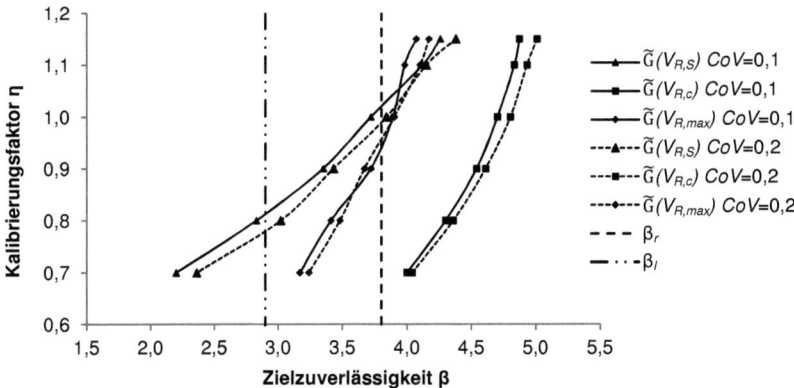

Abbildung 7-2: Entwicklung der Zuverlässigkeit bei Reduktion der Teilsicherheitsbeiwerte γ_G und γ_Q mit dem Kalibrierungsfaktor

Als maßgebender Versagensmechanismus konnte der Grenzzustand $\widetilde{G}(V_{R,S})$ ermittelt werden, welcher ein Versagen der vorhandenen Querkraftbewehrung bedeuten würde.

Um die Ergebnisse der probabilistischen Berechnung zu verbessern besteht die Möglichkeit, die einfließenden Basisvariablen (siehe Tabelle 7-7) zu aktualisieren. Die Sensitivitätsanalyse gibt dafür einen Überblick, welche Basisvariable mit welcher Wichtung in das Ergebnis eingeht. Aus Tabelle 7-7 ist zu entnehmen, dass neben dem Modellfaktor $\Theta_{R(VR,S)}$ der Abstand s der Querkraftbewehrung den größten Einfluss auf das Ergebnis hat.

Eine wichtige Schlussfolgerung für eine Bauwerksuntersuchung zur Aktualisierung der vorhandenen Daten wäre somit, dass die exakte Bestimmung des Abstandes s der Querkraftbewehrung mit einem Wichtungsfaktor von $\alpha_s^2 = 0,22 - 0,32$ der Bestimmung der Streckgrenze f_{ym} mit einem Wichtungsfaktor von $\alpha_{fy}^2 \approx 0,08$ jedenfalls vorzuziehen ist.

Die Grenzzustände $\widetilde{G}(V_{R,c})$ und $\widetilde{G}(V_{R,max})$ stellen im vorliegenden Fall keinen maßgebenden Grenzzustand dar. Sowohl diese Ergebnisse als auch die Wichtungsfaktoren in Tabelle 7-4 bzw. Tabelle 7-10 sind jedoch sinngemäß zu interpretieren.

Für die Abminderung der Teilsicherheitsbeiwerte ist anzumerken, dass folgende Bedingung gelten muss:

$\gamma_{cal} = \eta \cdot \gamma \geq 1,0$ (7-17)

Die errechneten Teilsicherheitsbeiwerte γ_{cal} sind mit dem Wert 1,0 nach unten begrenzt, auch wenn dies theoretisch und auch analytisch anders möglich wäre.

7.3.5 Anwendungsbeispiel zur Reduktion der Teilsicherheitsbeiwerte γ_S und γ_c

In Kapitel 7.3.4 wurde die Vorgehensweise zur Ermittlung der Teilsicherheitsbeiwerte γ_G und γ_Q der Einwirkungsseite gezeigt. Alternativ dazu besteht die Möglichkeit, die Teilsicherheitsbeiwerte γ_s und γ_c der Materialseite iterativ für einen festgelegten Zuverlässigkeitsindex β zu ermitteln. Die Vorgehensweise bleibt dabei gleich wie bei der Ermittlung der Teilsicherheitsbeiwerte der Einwirkungsseite γ_G und γ_Q.

Die Abminderung der Teilsicherheitsbeiwerte für die Grenzzustandsfunktionen erfolgt ebenfalls wieder über den Faktor η.

Die nachfolgende Abbildung zeigt den Verlauf des Zuverlässigkeitsindex β in Abhängigkeit vom Reduktionsfaktor η für die Variationskoeffizienten CoV_{VQ} = 0,1 bzw. 0,2.

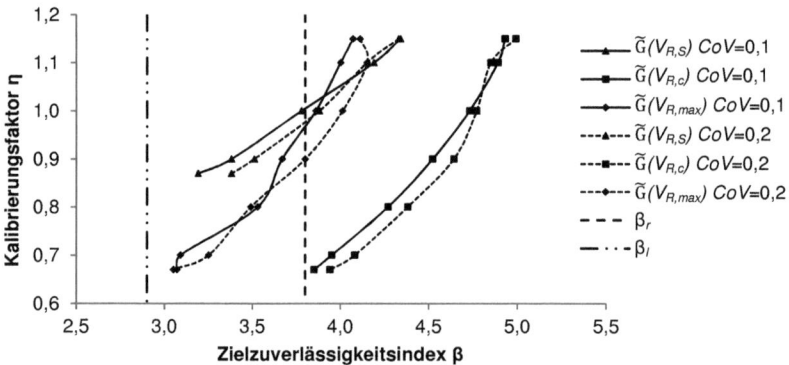

Abbildung 7-3: Entwicklung der Zuverlässigkeit bei Reduktion der Teilsicherheitsbeiwerte γ_S und γ_c mit dem Kalibrierungsfaktor

Gemäß der Abbildung 7-3 besteht die Möglichkeit, die Teilsicherheitsbeiwerte γ_S bzw. γ_c mit dem Vorfaktor η = 0,87 bzw. 0,67 zu reduzieren, ohne die Zuverlässigkeitsgrenze β_l zu unterschreiten.

7.3.6 Normierung der Berechnung für die Erstellung von Bemessungsdiagrammen

In Kapitel 7.3.4 wurde die Anwendung des Berechnungsverfahrens zur Ermittlung erforderlicher Teilsicherheitsbeiwerte demonstriert. Zur praxisorientierten Anwendung werden weiters normierte Diagramme für die Ermittlung der Teilsicherheitsbeiwerte zur Einhaltung geforderter Zuverlässigkeiten erstellt.

7.3.6.1 Grenzzustand bei Versagen des Bauteils ohne rechnerisch erforderliche Querkraftbewehrung $\tilde{G}(V_{R,c})$

Die in Kapitel 7.3.2 beschriebene Grenzzustandsfunktion $\tilde{G}(V_{R,c})$ (Gleichung (7-6)) weist eine Abhängigkeit folgender konstruktionsbedingter Basisvariablen auf:

d   =   Mittelwert der statischen Nutzhöhe (h - c)

ρ   =   Bewehrungsgehalt (A_{sl}/ (b·d))

f_{ck} =   charakteristische Betondruckfestigkeit

Für die Normierung wird die Gleichung (7-6) folgendermaßen umgeschrieben:

$$\tilde{G}(V_{R,c}) = \Theta_{R(VR,c)} \cdot \frac{\left[0{,}27 \cdot \sqrt{\frac{200}{h-c}} \cdot \left(100 \cdot \frac{A_{sl}}{b \cdot (h-c)} \cdot f_c\right)^{1/3}\right] (\gamma_G \cdot V_{G,k} + \gamma_Q \cdot V_{Q,k} \cdot \xi)}{\left[0{,}18 \cdot \sqrt{\frac{200}{h_k-c_k}} \cdot \left(100 \cdot \frac{A_{sl,k}}{b \cdot (h_k-c_k)} \cdot f_{ck}\right)^{1/3}\right] \cdot \gamma_c} \quad (7\text{-}18)$$

$$- \left(\Theta_{E(VG)} \cdot V_{G,k} \cdot v_{VG,k} + \Theta_{E(VQ)} \cdot V_{Q,k} \cdot v_{VQ,k} \cdot \xi\right)$$

Dabei gilt:

$v_{VG,k}$ =   Verteilungsfunktion der ständigen Lasten ausgehend vom charakteristischem Wert (Mittelwert)

$v_{VQ,k}$ =   Verteilungsfunktion der veränderlichen Lasten ausgehend vom charakteristischen Wert (95% Fraktilwert)

ξ   =   Verhältnis der veränderlichen zur ständigen Belastung

Die Ermittlung und Beschreibung der genannten Variablen erfolgte bereits in Kapitel 7.3.6.2, weshalb hier darauf verzichtet wird.

Die Berechnungen in Kapitel 7.3.1 haben gezeigt, dass sowohl die Wichtung der Verteilung der Bauteilhöhe als auch der Betonüberdeckung für den Grenzzustand $\tilde{G}(V_{R,c})$ eine vernachlässigbare Größe von $\alpha_h = 0{,}01$ bzw. $\alpha_c < 0{,}00$ annimmt. Für die Normierung werden diese Basisvariablen daher als deterministisch angenommen. Des Weiteren wurde ebenfalls festgelegt, dass die Streuung der Basisvariablen A_{sl} der Verteilung der

Streckgrenze f_y zugeschlagen wird und somit auch als deterministischer Wert in die Berechnung eingeht.

Mit diesen Festlegungen kann die Gleichung (7-18) folgendermaßen umgeschrieben werden:

$$\tilde{G}(V_{R,c}) = \Theta_{R(VR,c)} \cdot \frac{0{,}27}{0{,}18} \cdot \left(\frac{f_c}{f_{ck}}\right)^{1/3} \cdot (\gamma_G + \gamma_Q \cdot \xi) \cdot \gamma_c - \left(\Theta_{E(VG)} \cdot \nu_{VG,k} + \Theta_{E(VQ)} \cdot \nu_{VQ,k} \cdot \xi\right) \qquad (7\text{-}19)$$

Mit Gleichung (7-19) ist es somit möglich, eine iterative Berechnung der Teilsicherheitsbeiwerte in Abhängigkeit der Betondruckfestigkeit f_c der Tragstruktur und vom Verhältniswert ξ durchzuführen.

Abbildung 7-4 und Abbildung 7-5 zeigen die Ergebnisse der Parameterstudie zur Bestimmung der geforderten Teilsicherheitsbeiwerte.

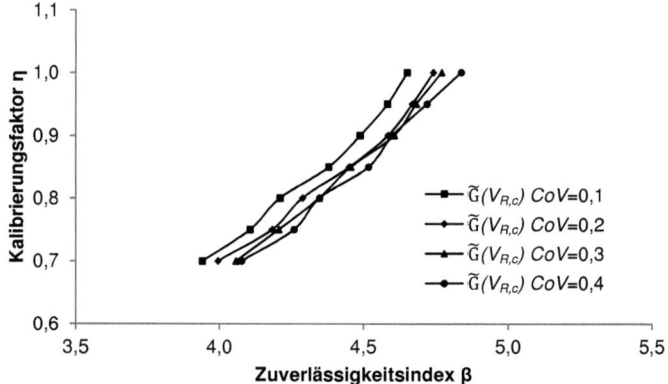

Abbildung 7-4: Diagramm zur Ermittlung der Teilsicherheitsbeiwerte $\gamma_{G,cal}$ und $\gamma_{Q,cal}$ für $\xi = 1{,}0$ und einer charakteristischen Betondruckfestigkeit von $f_{ck} = 18{,}3$ N/mm² im Grenzzustand $\tilde{G}(V_{R,c})$

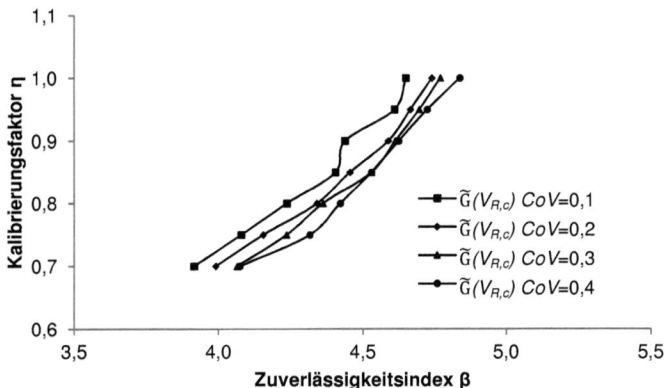

Abbildung 7-5: Diagramm zur Ermittlung des Teilsicherheitsbeiwertes $\gamma_{c,cal}$ für ξ = 1,0 und einer charakteristischen Betondruckfestigkeit von f_{ck} = 18,3 N/mm² im Grenzzustand $\tilde{G}(V_{R,c})$

7.3.6.2 Grenzzustand bei Versagen der Querkraftbewehrung $\tilde{G}(V_{R,S})$

Die in Kapitel 7.3.2 beschriebene Grenzzustandsfunktion $\tilde{G}(V_{R,S})$ (Gleichung (7-11)) weist eine Abhängigkeit folgender konstruktionsbedingter Basisvariablen auf:

A_{sw} = Fläche der Querkraftbewehrung

s = Mittelwert des Abstandes zwischen den Bügeln

z = Mittelwert des inneren Hebelsarms (0,9 d)

f_{ywd} = Bemessungswert der Streckgrenze der Schubbewehrung

θ = Mittelwert des Winkels der Betondruckstrebe (gemäß [53] 31 ≤ θ ≤ 45)

α = Mittelwert des Winkels der Schubbewehrung

Für die Normierung wird die Gleichung (7-11) folgendermaßen umgeschrieben:

$$\tilde{G}(V_{R,S}) = \Theta_{R(VR,S)} \cdot \frac{A_{sw}}{s \cdot v_s} \cdot f_{yk} \cdot v_{fyk} \cdot (\cot\theta + \cot\alpha) \cdot \sin\alpha \cdot (\gamma_G \cdot V_{G,k} + \gamma_Q \cdot V_{Qk} \cdot \xi)$$
$$\cdot \frac{\gamma_s}{\frac{A_{sw}}{s} \cdot f_{yk} \cdot (\cot\theta + \cot\alpha) \cdot \sin\alpha} - (\Theta_{E(VG)} \cdot V_{G,k} \cdot v_{VG,k} + \Theta_{E(VQ)} \cdot V_{Q,k} \cdot v_{VQ,k} \cdot \xi) \qquad (7\text{-}20)$$

Dabei gilt:

v_s = Verteilungsfunktion des Abstandes der Querkraftbewehrung ausgehend vom charakteristischen Wert (Mittelwert)

v_{fyk} = Verteilungsfunktion der Stahlstreckgrenze ausgehend vom charakteristischen Wert der Stahlstreckgrenze (5% Fraktilwert)

$v_{VG,k}$ = Verteilungsfunktion der ständigen Lasten ausgehend vom charakteristischen Wert (Mittelwert)

$v_{VQ,k}$ = Verteilungsfunktion der veränderlichen Lasten ausgehend vom charakteristischen Wert (95% Fraktilwert)

ξ = Verhältnis der veränderlichen zur ständigen Belastung

Für die restlichen Basisvariablen gelten jene Werte, die bereits in den vorangegangenen Kapiteln definiert und beschrieben wurden.

Durch Umformen und Kürzen kann Gleichung (7-20) folgendermaßen dargestellt werden:

$$\tilde{G}(V_{R,S}) = \Theta_{R(VR,S)} \cdot \frac{v_{fyk}}{v_s} \cdot (\gamma_G + \gamma_Q \cdot \xi) \cdot \gamma_s - (\Theta_{E(VG)} \cdot v_{VG,k} + \Theta_{E(VQ)} \cdot v_{VQ,k} \cdot \xi) \qquad (7\text{-}21)$$

Die Verteilungsfunktionen der Basisvariablen werden wie folgt ermittelt und für die weitere Berechnung festgelegt:

Abstand der Querkraftbewehrung s

Für den Abstand der Querkraftbewehrung wurde bei Normalverteilung eine Standardabweichung durch eine Verlegeungenauigkeit von 3 cm angenommen. Bei einem Abstand von s = 45 cm würde dies einen Variationskoeffizienten von CoV_s = 0,067 bedeuten.

Dieser Variationskoeffizient für die Verlegeungenauigkeit wurde den weiteren Berechnungen zugrunde gelegt, sodass sich für die Verteilung des Abstandes der Querbewehrung Folgendes ergibt:

$$v_s = N(1\,;0{,}067) \qquad (7\text{-}22)$$

Stahlstreckgrenze f_{yk}

Die Rückrechnung auf den Mittelwert einer Normalverteilung ausgehend vom charakteristischen Wert (5% Fraktilwert) kann über Gleichung (7-23) durchgeführt werden:

$$\mu = \frac{s_k}{1 - 1{,}645 \cdot CoV} \qquad (7\text{-}23)$$

Dabei ist s_k der charakteristische Wert der Basisvariablen.

Für die Stahlstreckgrenze ergibt sich somit eine Verteilungsfunktion bei einem Variationskoeffizienten von CoV_{fy} = 0,05 (siehe Tabelle 6-15), bezugnehmend auf den charakteristischen Wert der Basisvariablen von:

$$v_{fyk} = N(1,09\ ;\ 0,0545) \tag{7-24}$$

Ständige Lasten $V_{G,k}$

Der charakteristische Wert der ständigen Lasten wird durch deren Mittelwert definiert. Es ist daher keine Umrechnung für die zugrunde gelegte Verteilungsfunktion nötig.

$$v_{VG,k} = N(1,00\ ;\ 0,05) \tag{7-25}$$

Veränderliche Lasten $V_{Q,k}$

Die Rückrechnung auf den Mittelwert einer Normalverteilung, ausgehend vom charakteristischen Wert (95% Fraktilwert), kann über Gleichung (7-26) durchgeführt werden:

$$\mu = \frac{s_k}{1 + 1,645 \cdot CoV} \tag{7-26}$$

Dabei ist s_k der charakteristische Wert der Basisvariablen.

Unter der in Kapitel 6.3 getroffenen Annahme, dass es sich bei den veränderlichen Verkehrslasten durch das Lastmodell 71 um den 95% Fraktilwert einer Normalverteilung handelt, lautet die Verteilungsfunktion $v_{VQ,k}$ der veränderlichen Lasten $V_{Q,k}$ mit einem Variationskoeffizienten von $CoV_{VQ,k} = 0,1$:

$$v_{VQ,k} = N(0,86\ ;\ 0,086) \tag{7-27}$$

Durch diese Festlegungen ist es möglich, eine vom Bauteil unabhängige Ermittlung der Teilsicherheitsbeiwerte durchzuführen. Lediglich der Verhältnisfaktor ξ ist individuell für die zu untersuchenden Tragwerke zu bestimmen.

Mit Hilfe der Statistik – Software FReET [49] wurden Berechnungen zur Ermittlung eines Diagramms für die einfache Festlegung geforderter Teilsicherheitsbeiwerte durchgeführt. Als Lösungsverfahren wurde dabei das Verfahren der „Latin Hypercube Sampling" - Simulation (siehe Kapitel 3.2.4.2) angewandt.

Für die Abbildung 7-6 und Abbildung 7-7 gilt die Festlegung, dass $\xi = 1,0$.

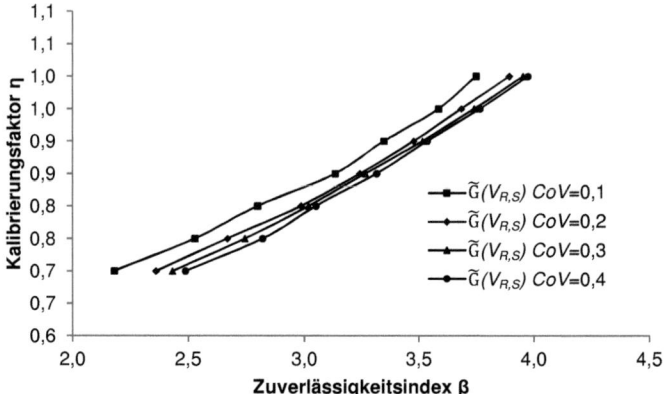

Abbildung 7-6: Diagramm zur Ermittlung der Teilsicherheitsbeiwerte $\gamma_{G,cal}$ und $\gamma_{Q,cal}$ für $\xi = 1,0$ im Grenzzustand $\tilde{G}(V_{R,S})$

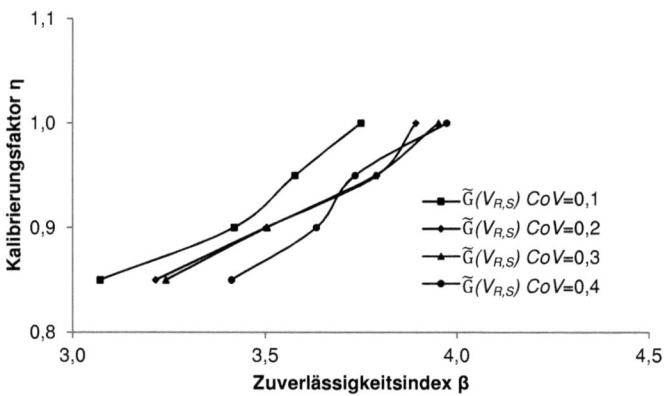

Abbildung 7-7: Diagramm zur Ermittlung des Teilsicherheitsbeiwertes $\gamma_{S,cal}$ $\xi = 1,0$ im Grenzzustand $\tilde{G}(V_{R,S})$

Der Kalibrierungsfaktor η in Abbildung 7-6 bzw. Abbildung 7-7 stellt die mögliche Reduktion beider Teilsicherheitsbeiwerte γ_G und γ_Q bzw. γ_S dar. Wird beispielsweise für ein Bestandstragwerk als Mindestzuverlässigkeitsindex β = 3,0 gefordert, so kann der Abbildung 7-6 entnommen werden, dass die Teilsicherheitsbeiwerte γ_G und γ_Q bei einem Variationskoeffizienten der veränderlichen Einwirkung von $CoV_{VQ} = 0,1$ mit einem Faktor η ≈ 0,84 reduziert werden dürfen.

Wird der Nachweis der Tragfähigkeit für den Grenzzustand bei Versagen der Querkraftbewehrung mit der ermittelten Reduktion der Teilsicherheitsbeiwerte erfüllt, kann die geforderte Zuverlässigkeit eingehalten werden.

7.3.6.3 Grenzzustand bei Versagen Betondruckstrebe $\widetilde{G}(V_{R,max})$

Die in Kapitel 7.3.2 beschriebene Grenzzustandsfunktion $\widetilde{G}(V_{R,max})$ (Gleichung (7-16)) weist eine Abhängigkeit folgender konstruktionsbedingter Basisvariablen auf:

α_{cw} = Beiwert zur Berücksichtigung des Spannungszustandes im Druckgurt (1,0 für $\sigma_{cp} = 0$)

f_{ck} = charakteristische Betondruckfestigkeit

θ = Mittelwert des Winkels der Betondruckstrebe (gemäß NAD 31 ≤ θ ≤ 45)

α = Mittelwert des Winkels der Schubbewehrung

ν_1 = Festigkeitsabminderungsbeiwert für unter Querkraft gerissenen Beton

Für die Normierung wird die Gleichung (7-16) folgendermaßen umgeschrieben:

$$\widetilde{G}(V_{R,max}) = \Theta_{R(VR,max)} \cdot \alpha_{cw} \cdot \nu_1 \cdot f_c \cdot \frac{\cot\theta + \cot\alpha}{1 + \cot^2\theta} \cdot (\gamma_G \cdot V_{G,k} + \gamma_Q \cdot V_{Q,k} \cdot \xi)$$
$$\cdot \frac{\gamma_c}{\alpha_{cw} \cdot \nu_{1k} \cdot f_{ck} \cdot \frac{\cot\theta + \cot\alpha}{1 + \cot^2\theta}} - (\Theta_{E(VG)} \cdot V_{G,k} \cdot \nu_{VG,k} + \Theta_{E(VQ)} \cdot V_{Q,k} \cdot \nu_{VQ,k} \cdot \xi) \quad (7\text{-}28)$$

Dabei gilt:

$\nu_{VG,k}$ = Verteilungsfunktion der ständigen Lasten ausgehend vom charakteristischen Wert (Mittelwert)

$\nu_{VQ,k}$ = Verteilungsfunktion der veränderlichen Lasten ausgehend vom charakteristischen Wert (95% Fraktilwert)

ξ = Verhältnis der veränderlichen zur ständigen Belastung

Die Ermittlung und Beschreibung der genannten Variablen erfolgte bereits in Kapitel 7.3.6.2, weshalb hier darauf verzichtet wird.

Durch Umformulieren der Gleichung (7-28) kann der Grenzzustand $G(V_{R,max})$ in Abhängigkeit von der Betondruckfestigkeit f_c und vom Verhältniswert ξ wie folgt dargestellt werden:

$$\widetilde{G}(V_{R,max}) = \Theta_{R(VR,max)} \cdot \frac{\nu_1 \cdot f_c}{\nu_{1k} \cdot f_{ck}} \cdot (\gamma_G + \gamma_Q \cdot \xi) \cdot \gamma_c - (\Theta_{E(VG)} \cdot \nu_{VG,k} + \Theta_{E(VQ)} \cdot \nu_{VQ,k} \cdot \xi) \quad (7\text{-}29)$$

Mit Gleichung (7-29) ist es somit, wie bereits beim Grenzzustand $\widetilde{G}(V_{R,c})$, möglich, eine iterative Berechnung der Teilsicherheitsbeiwerte in Abhängigkeit von der Betondruckfestigkeit f_c der Tragstruktur und vom Verhältniswert ξ durchzuführen. Abbildung 7-8 zeigt die Ergebnisse der Parameterstudie zur Bestimmung der geforderten Teilsicherheitsbeiwerte.

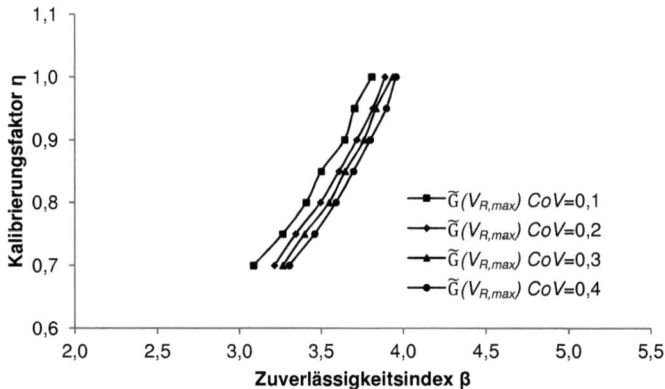

Abbildung 7-8: Diagramm zur Ermittlung der Teilsicherheitsbeiwerte $\gamma_{G,cal}$ und $\gamma_{Q,cal}$ für $\xi = 1,0$ und einer charakteristischen Betondruckfestigkeit von $f_{ck} = 18,3$ N/mm² im Grenzzustand $\tilde{G}(V_{R,max})$

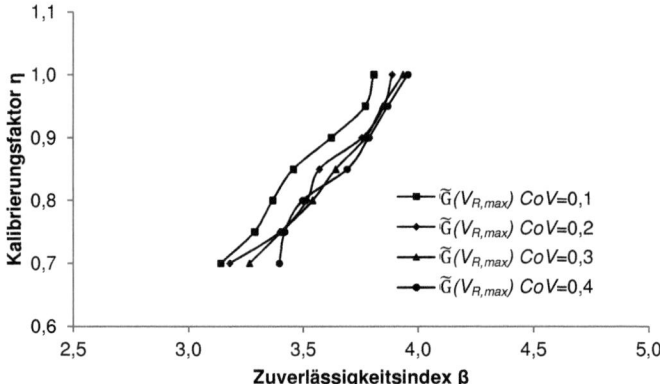

Abbildung 7-9: Diagramm zur Ermittlung des Teilsicherheitsbeiwertes $\gamma_{c,cal}$ für $\xi = 1,0$ und einer charakteristischen Betondruckfestigkeit von $f_{ck} = 18,3$ N/mm² im Grenzzustand $\tilde{G}(V_{R,max})$

7.3.6.4 Zusammenfassung

In den Kapiteln 7.3.6.1 bis 7.3.6.3 wurde eine Methode erarbeitet, um über Tabellenwerke die für einen geforderten Mindestzuverlässigkeitsindex β erforderlichen Teilsicherheitsbeiwerte zu bestimmen. Es wurden die drei Versagensmechanismen bei einem Schubversagen ausgewertet und der mögliche Abminderungsfaktor η der Teilsicherheitsbeiwerte γ_G und γ_Q der Einwirkung und γ_S und γ_c des Widerstandes in Abhängigkeit des Zuverlässigkeitsindex dargestellt.

In Abbildung 7-10 und Abbildung 7-11 wurden alle Versagensmechanismen zur einfacheren Anwendung in einem Diagramm zusammengefasst.

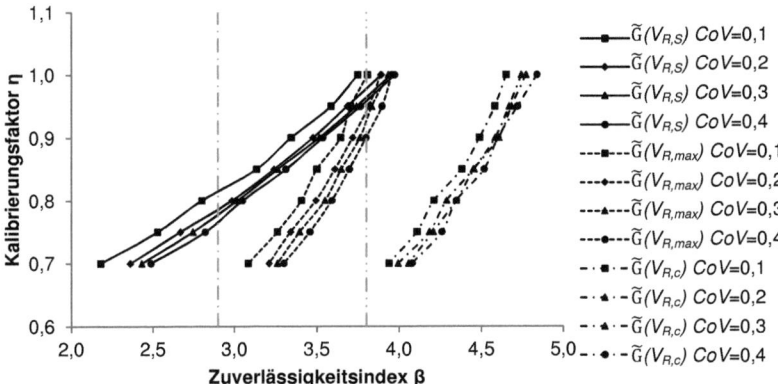

Abbildung 7-10: *Diagramm zur Ermittlung der Teilsicherheitsbeiwerte $\gamma_{G,cal}$ und $\gamma_{Q,cal}$ für $\xi = 1,0$ und einer charakteristischen Betondruckfestigkeit von $f_{ck} = 18,3$ N/mm²*

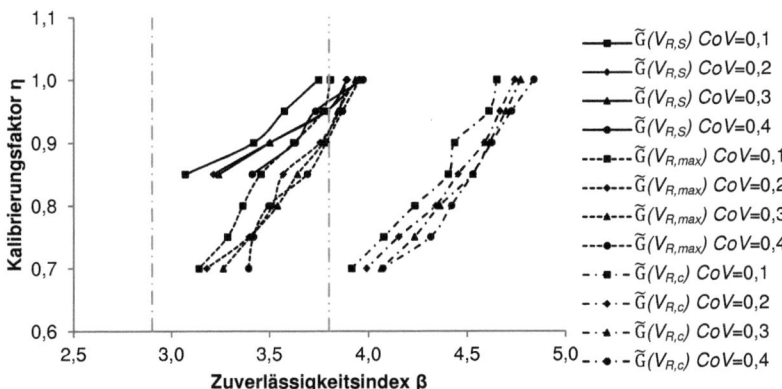

Abbildung 7-11: *Diagramm zur Ermittlung der Teilsicherheitsbeiwerte $\gamma_{S,cal}$ und $\gamma_{c,cal}$ für $\xi = 1,0$ und einer charakteristischen Betondruckfestigkeit von $f_{ck} = 18,3$ N/mm²*

Mit Hilfe des Diagramms in Abbildung 7-10 besteht die Möglichkeit, für Betontragwerke mit einer charakteristischen Betondruckfestigkeit von $f_{ck} = 18,3$ N/mm² und einem Verhältnis der Querkraft aufgrund von ständigen Lasten zur Querkraft, hervorgerufen durch die Verkehrslast LM71 gemäß [65], die Teilsicherheitsbeiwerte γ_G und γ_Q der Einwirkungsseite auf ein gefordertes Zuverlässigkeitsniveau abzumindern.

Der festgelegte Zuverlässigkeitsindex β ist auf der Abszisse einzutragen und bis zum Schnitt mit dem Graphen für den passenden Variationskoeffizienten der veränderlichen Einwirkung zu verlängern. Für den semi-probabilistischen Nachweis dürfen nun beide Teilsicherheitsbeiwerte γ_G und γ_Q gleichermaßen mit dem horizontal abzulesenden Kalibrierungsfaktor η abgemindert werden. Kann der semi-probabilistische Nachweis positiv geführt werden, so gilt die geforderte Zuverlässigkeit als eingehalten.

Zur Abminderung der Teilsicherheitsbeiwerte der Widerstandsseite γ_c und γ_s gilt unter denselben Voraussetzungen wie zur Abminderung der Teilsicherheitsbeiwerte γ_G und γ_Q das Diagramm in Abbildung 7-11.

7.4 Ermittlung der erforderlichen Teilsicherheitsbeiwerte zur Einhaltung festgelegter Zuverlässigkeitsindizes für den Biegezugnachweis

Analog zur in Abbildung 7-1 dargestellten konzeptionellen Vorgehensweise zur Ermittlung der erforderlichen Teilsicherheitsbeiwerte bei einem Schubversagen, kann diese auch für den Biegenachweis erfolgen. Sowie in den Kapiteln 7.3.1 bis 7.3.3 soll auch für den Biegenachweis die Vorgehensweise anhand der zu verwendenden Formeln dargestellt werden.

1. *Allgemeine Bemessungsbedingung aus Gleichung (2-4) in Verbindung mit dem mechanischen Modell aus Gleichung (4-8)*

$$A_s \cdot \frac{f_{yk}}{\gamma_s} \cdot \left(d - k_x \cdot \frac{A_s \cdot \frac{f_{yk}}{\gamma_s}}{b \cdot \alpha_R \cdot \alpha_{cc} \cdot \frac{f_{ck}}{\gamma_c}} \right) = (\gamma_G \cdot M_{G,k} + \gamma_Q \cdot M_{Q,k}) \qquad (7\text{-}30)$$

2. *Umformulieren der Bemessungsbedingung auf die geometrische Bauteilgröße*

$$d = \frac{(\gamma_G \cdot M_{G,k} + \gamma_Q \cdot M_{Q,k})}{A_s \cdot \frac{f_{yk}}{\gamma_s}} + \left(k_x \cdot \frac{A_s \cdot \frac{f_{yk}}{\gamma_s}}{b \cdot \alpha_R \cdot \alpha_{cc} \cdot \frac{f_{ck}}{\gamma_c}} \right) \qquad (7\text{-}31)$$

3. *Probabilistische Grenzzustandsfunktion bei einem Biegezugversagen ohne Normalkraft und ohne Druckbewehrung*

Die Grenzzustandsfunktion $\widetilde{G}(M_R)$ wurde bereits in Kapitel 4.3.1 behandelt und wird hier der Form halber noch einmal dargestellt:

$$\widetilde{G}(M_R) = \Theta_{R(M)} \cdot A_s \cdot f_y \cdot \left(d - \frac{A_s \cdot f_y \cdot k_x}{f_c \cdot b \cdot \alpha_R \cdot \alpha_{cc}} \right) - \left(\Theta_{E(MG)} \cdot M_G + \Theta_{E(MQ)} \cdot M_Q \right)$$

4. *Einsetzen der Gleichung (7-31) in die probabilistische Grenzzustandsfunktion*

$$\widetilde{G}(M_R) = \Theta_{R(M)} \cdot A_s \cdot f_y \cdot \left(\frac{(\gamma_G \cdot M_{G,k} + \gamma_Q \cdot M_{Q,k})}{A_s \cdot \frac{f_{yk}}{\gamma_s}} + \left(k_x \cdot \frac{A_s \cdot \frac{f_{yk}}{\gamma_s}}{b \cdot \alpha_R \cdot \alpha_{cc} \cdot \frac{f_{ck}}{\gamma_c}} \right) - \frac{A_s \cdot f_y \cdot k_x}{f_c \cdot b \cdot \alpha_R \cdot \alpha_{cc}} \right)$$
$$- \left(\Theta_{E(MG)} \cdot M_G + \Theta_{E(MQ)} \cdot M_Q \right) \qquad (7\text{-}32)$$

5. *Iteration der Teilsicherheitsbeiwerte*

Die Ermittlung der gesuchten Teilsicherheitsbeiwerte erfolgt durch Iteration derselben mit einem Mindestzuverlässigkeitsindex als Zielwert der Grenzzustandsfunktion.

7.4.1 Anwendungsbeispiel zur Reduktion der Teilsicherheitsbeiwerte

Die Anwendung der in Kapitel 7.4 gezeigten Systematik zur Ermittlung der nötigen Teilsicherheitsbeiwerte zur Einhaltung erforderlicher Zuverlässigkeiten wird am Bestandstragwerk, welches in Kapitel 6.2 beschrieben wurde, demonstriert. Als betrachteter Querschnitt wurde jener Querschnitt mit dem größten Feldmoment (Tragwerksmitte) gewählt.

Die für die probabilistische Berechnung erforderlichen Basisvariablen wurden der Bestandsplanung [70], [71] entnommen und in Tabelle 7-13 zusammengefasst:

	Basisvariable	Wert	Anmerkung
Widerstand	Biegebewehrung A_s*	58,36 cm^2/m	44 Ø 30 bei b = 5,33 m
	Betondeckung c	5,0 cm	Annahme
	Bauteilhöhe h*	95 cm	
	Statische Nutzhöhe d	90 cm	$d = h-c$
	Betondruckfestigkeit f_{ck}	18,3 N/mm^2	B300 (1958) gemäß [69]
	Stahlstreckgrenze f_{yk}	400 N/mm^2	Torstahl 40 (1958) gemäß [69]
Einw.	Moment zufolge der Konstruktion $M_{G,k}$	220,70 kNm/m	inkl. Ausbaulasten
	Moment zufolge der Nutzlast $M_{Q,k}$	189,73 kNm/m	LM71 gemäß [65]

* Mittelwert

Tabelle 7-13: Basisvariablen zur Ermittlung der erforderlichen Teilsicherheitsbeiwerte

Die in Tabelle 7-3 ausgewiesenen Daten stellen die Mittelwerte- bzw. die charakteristischen Werte der Basisvariablen dar.

Im ersten Schritt werden die Teilsicherheitsbeiwerte γ_S, γ_c, γ_G und γ_Q gemäß Tabelle 7-1 und Tabelle 7-2 in der Berechnung berücksichtigt.

Mit Hilfe der Software FReET [49] wird die Grenzzustandsfunktion (Gleichung (7-32)) berechnet. Für die Berechnung wurde, wie bereits für die Ermittlung der Teilsicherheitsbeiwerte bei einem Schubversagen, das Simulationsverfahren „Latin Hypercube Sampling (LHS – mean)" (siehe Kapitel 3.2.4.2) mit einer Anzahl von 100 Simulationen verwendet. Eine statistische Korrelation der Basisvariablen wurde mit Hilfe einer Korrelationsmatrix ebenfalls ausgeschlossen.

7.4.1.1 Nachweis bei Biegezugversagen

Für den Grenzzustand bei Biegezugversagen konnte, wie bereits beim Grenzzustand des Schubversagens, festgestellt werden, dass der größte Einfluss der Modellunsicherheit $\Theta_{R(M)}$ mit einem Wichtungsfaktor von $\alpha_{\Theta R(M)}^2 = 0{,}39$ bzw. $0{,}42$ zuzuschreiben ist. Der Einfluss der Betondruckfestigkeit f_c hingegen kann mit einem Wichtungsfaktor von $\alpha_{fc}^2 = 0{,}03$ bzw $0{,}04$ als vernachlässigbar gering eingestuft werden.

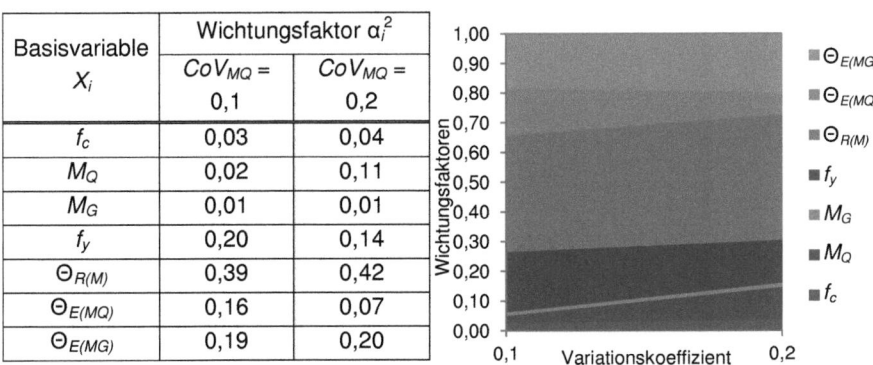

Basisvariable X_i	Wichtungsfaktor α_i^2	
	$CoV_{MQ} = 0{,}1$	$CoV_{MQ} = 0{,}2$
f_c	0,03	0,04
M_Q	0,02	0,11
M_G	0,01	0,01
f_y	0,20	0,14
$\Theta_{R(M)}$	0,39	0,42
$\Theta_{E(MQ)}$	0,16	0,07
$\Theta_{E(MG)}$	0,19	0,20

Tabelle 7-14: Wichtungsfaktoren α_i^2 bei Variation des Variationskoeffizienten CoV_{MQ} der veränderlichen Einwirkung für $\tilde{G}(M_R)$

Für den Grenzzustand des Biegezugversagens wurden die Teilsicherheitsbeiwerte γ_G und γ_Q gleichermaßen mit dem Vorfaktor η abgemindert und die dadurch erzielten Zuverlässigkeitsindizes β_{cal} ermittelt. Die Ergebnisse werden in Tabelle 7-15 und Tabelle 7-16 dargestellt.

β_{erf}	Bezugszeitraum	$\gamma_{G,cal} = \eta\, \gamma_G$	$\gamma_{Q,cal} = \eta\, \gamma_Q$	β_{cal}
4,30	6	1,26	1,35	≈ 4,30
3,80	6	1,15	1,23	≈ 3,81
2,90	6	0,97	1,04	≈ 2,91

Tabelle 7-15: erforderliche Teilsicherheitsbeiwerte im Grenzzustand $\tilde{G}(M_R)$ zur Einhaltung festgelegter Zuverlässigkeitsindizes bei gleichzeitiger Reduktion der Teilsicherheitsbeiwerte durch den Faktor η ($CoV_{MQ} = 0{,}1$)

β_{erf}	Bezugszeitraum	$\gamma_{G,cal} = \eta\, \gamma_G$	$\gamma_{Q,cal} = \eta\, \gamma_Q$	β_{cal}
4,30	6	1,22	1,31	≈ 4,32
3,80	6	1,11	1,19	≈ 3,84
2,90	6	0,95	1,02	≈ 3,00

Tabelle 7-16: erforderliche Teilsicherheitsbeiwerte im Grenzzustand $\bar{G}(M_R)$ zur Einhaltung festgelegter Zuverlässigkeitsindizes bei gleichzeitiger Reduktion der Teilsicherheitsbeiwerte durch den Faktor η (CoV$_{MQ}$ = 0,2)

Die Teilsicherheitsbeiwerte γ_C und γ_S wurden unabhängig voneinander mit dem Faktor η abgemindert, sodass hier eine Aussage über den Verlauf des Zuverlässigkeitsindex bei Abminderung des Teilsicherheitsbeiwertes γ_C oder γ_S getätigt werden kann.

Die Berechnungen ergaben, dass bei Abminderung des Teilsicherheitsbeiwertes γ_C oder γ_S = 1,0 in beiden Fällen ein Zuverlässigkeitsindex von $\beta_{cal} \geq 4,13$ erreicht werden konnte. Erst bei einer Abminderung beider Teilsicherheitsbeiwerte auf $\gamma_C = \gamma_S = 1,0$ wurden Zuverlässigkeitsindizes von $\beta_{cal} \approx 3,50$ ermittelt. Eine Unterschreitung von β_{min} = 2,90 wurde durch eine Reduktion der Teilsicherheitsbeiwerte der Widerstandsseite jedoch nie erreicht.

Es sei weiters darauf hingewiesen, dass alle ermittelten Teilsicherheitsbeiwerte γ_{cal} aus baupraktischer Sichtweise nach unten hin mit dem Wert $\gamma_{cal} \geq 1,0$ begrenzt sind.

7.4.1.2 Zusammenfassung und Interpretation

Die probabilistische Berechnung bei einem Biegezugversagen gemäß dem mechanischen Modell in Kapitel 4.2.1 unter der Annahme der stochastischen Verteilungen gemäß Tabelle 6-15 ergab für den betrachteten Querschnitt für den Fall, dass

$$M_{R,d} = M_{S,d} \tag{7-33}$$

einen Zuverlässigkeitsindex von β = 4,79 für einen Variationskoeffizienten von CoV_{MQ} = 0,1 bzw. einen Zuverlässigkeitsindex β = 4,85 für CoV_{MQ} = 0,2.

Aus bereits erläuterten Gründen besteht die Möglichkeit, die erforderliche Zielzuverlässigkeit und somit auch die zu verwendenden Teilsicherheitsbeiwerte zu reduzieren.

Die nachfolgenden zwei Abbildungen zeigen die Entwicklung des Zuverlässigkeitsindex bei Reduktion beider Teilsicherheitsbeiwerte γ_G und γ_Q, γ_C alleine oder γ_S alleine.

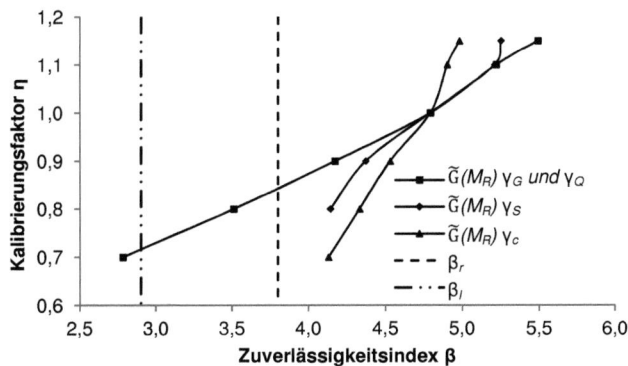

Abbildung 7-12: Entwicklung der Zuverlässigkeit bei Reduktion der Teilsicherheitsbeiwerte mit dem Kalibrierungsfaktor für $CoV_{MQ} = 0{,}1$

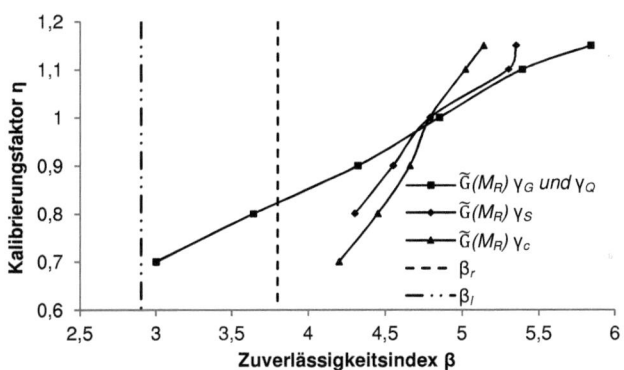

Abbildung 7-13: Entwicklung der Zuverlässigkeit bei Reduktion der Teilsicherheitsbeiwerte mit dem Kalibrierungsfaktor für $CoV_{MQ} = 0{,}2$

Aus Abbildung 7-12 ist ersichtlich, dass die Teilsicherheitsbeiwerte der Einwirkungsseite γ_G und γ_Q mit dem Vorfator $\eta \approx 0{,}85$ abgemindert werden dürfen. Kann der semi – probabilistische Nachweis gemäß Gleichung (4-10) erfüllt werden, so wird ein Zuverlässigkeitsindex von $\beta \geq 3{,}8$ erzielt.

7.5 Zusammenfassung

In den Kapiteln 7.3 und 7.4 wurde eine Möglichkeit vorgestellt, die Teilsicherheitsbeiwerte auf Grundlage von Mindestzuverlässigkeitsindizes zu reduzieren und so einen semi-probabilistischen Nachweis für unterschiedliche Zuverlässigkeitsindizes zu ermöglichen.

Für den Grenzzustand des Schubversagens wurden normierte Diagramme entwickelt, die eine Festlegung der Teilsicherheitsbeiwerte für Tragwerke mit einer charakteristischen Betondruckfestigkeit von f_{ck} = 18,3 N/mm^2 und einem Verhältniswert von ξ = 1,0 ermöglicht. ξ ist dabei das Verhältnis zwischen der durch die veränderliche Einwirkung V_Q resultierenden Querkraft und der durch das Eigengewicht inkl. Ausbaulast hervorgerufenen Querkraft V_G.

Aus Abbildung 7-10 geht hervor, dass zur Einhaltung eines Zuverlässigkeitsniveaus von β = 3,0 die Teilsicherheitsbeiwerte der Einwirkungsseite γ_G und γ_Q um den Faktor $\eta \approx$ 0,82 abgemindert werden dürfen. Dabei muss ein Variationskoeffizient der veränderlichen Einwirkung von CoV_{VQ} = 0,1 für den Grenzzustand $\tilde{G}(V_{R,S})$, Versagen der Schubbewehrung, gelten.

Kann der semi-probabilistische Nachweis gemäß Gleichung (2-4) für ein Versagen der Schubbewehrung (siehe Gleichung (4-13)) mit den abgeminderten Teilsicherheitsbeiwerten erfüllt werden, so ist für diesen Grenzzustand ein Zuverlässigkeitsindex von $\beta \geq$ 3,0 gewährleistet.

Sollen die Teilsicherheitsbeiwerte der Widerstandsseite auf eine mögliche Abminderung überprüft werden, so ist, wie bereits beschrieben, die Abbildung 7-11 anzuwenden. Hierbei lässt sich der Teilsicherheitsbeiwert der Schubbewehrung γ_S für einen Mindestzuverlässigkeitsindex von β = 3,0 mit dem Faktor $\eta \approx$ 0,87 abmindern. Als Randbedingungen gelten ebenfalls wieder ein Variationskoeffizient der veränderlichen Einwirkung von CoV_{VQ} = 0,1 und ein Verhältnis der Querkraft aufgrund der veränderlichen Einwirkung zur Querkraft aufgrund der ständigen Einwirkung von ξ = 1,0.

Es sei noch angemerkt, dass neben den beschriebenen Randbedingungen noch weitere Annahmen für die Entwicklung der Diagramme getroffen wurden (siehe Kapitel 4.4 und 6.5).

Zur besseren Übersicht werden hier die Ergebnisse der Untersuchungen des Tragwerks der Österreichischen Bundesbahnen (siehe Kapitel 6.2) und die Vorgehensweise zur Reduktion der Teilsicherheitsbeiwerte noch einmal zusammengefasst:

Untersucht wurde das Schubversagen der Platte im Bereich der Achse 1. Mittels einer FE – Berechnung wurde die Querkraft im maßgebenden Bereich der Platte berechnet (siehe Kapitel 6.3).

$V_{G,k}$ = 30,84 kN/m

$V_{Q,k}$ = 52,30 kN/m (LM71 gemäß [65] mit Lastklassenbeiwert α = 1,0)

Um in weiterer Folge eine Reduktion der Teilsicherheitsbeiwerte durchführen zu können bedarf es vorab einer Festlegung des mindestens zu erreichenden Zuverlässigkeitsindex β. Für den Berechnungszeitraum von 6 Jahren werden gemäß Tabelle 2-7 folgende Zuverlässigkeitsindizes angenommen:

β = 4,30

$β_r$ = 3,80

$β_l$ = 2,90

Für die probabilistische Berechnung wurden aus den Bestandsunterlagen der Österreichischen Bundesbahnen [71] und aufgrund einer umfassenden Literaturrecherche die probabilistischen Basisvariablen festgelegt (siehe Tabelle 6-15). Diese Festlegungen bilden die Grundlage für die inverse Ermittlung der reduzierten Teilsicherheitsbeiwerte.

Der Vollständigkeit halber werden hier zusammenfassend noch einmal die Grenzzustandsfunktionen zur Berechnung der erforderlichen Teilsicherheitsbeiwerte für ein Schubversagen dargestellt:

$$\tilde{G}(V_{R,S}) = \Theta_{R(VR,S)} \cdot \tau_y \cdot (\gamma_G \cdot V_{G,k} + \gamma_Q \cdot V_{Q,k}) \cdot \frac{\gamma_S}{\tau_{y,k}} - (\Theta_{E(VG)} \cdot V_G + \Theta_{E(VQ)} \cdot V_Q)$$

$$\tilde{G}(V_{R,c}) = \Theta_{R(VR,c)} \cdot \tau_c \cdot (\gamma_G \cdot V_{G,k} + \gamma_Q \cdot V_{Q,k}) \cdot \frac{\gamma_c}{\tau_{c,k}} - (\Theta_{E(VG)} \cdot V_G + \Theta_{E(VQ)} \cdot V_Q)$$

$$\tilde{G}(V_{R,max}) = \Theta_{R(VR,max)} \cdot \tau_{c,max} \cdot (\gamma_G \cdot V_{G,k} + \gamma_Q \cdot V_{Q,k}) \cdot \frac{\gamma_c}{\tau_{c,max,k}} - (\Theta_{E(VG)} \cdot V_G + \Theta_{E(VQ)} \cdot V_Q)$$

Mit den oben angeführten Formeln und der Statistiksoftware FReET [49] ist es möglich, die erforderlichen Teilsicherheitsbeiwerte in Abhängigkeit vom Zuverlässigkeitsindex β iterativ zu ermitteln. In der vorliegenden Arbeit wurden zwei Möglichkeiten untersucht: Zum einen eine Reduktion der Teilsicherheitsbeiwerte der Einwirkung γ_G und γ_Q mit einem Kalibrierungsfaktor η bei Einhaltung der Teilsicherheitsbeiwerte der Widerstandsseite γ_c und γ_S gemäß Tabelle 7-1, und zum anderen die Reduktion der Teilsicherheitsbeiwerte der Widerstandsseite mit einem Kalibrierungsfaktor η bei Einhaltung der Teilsicherheitsbeiwerte der Einwirkungsseite gemäß Tabelle 7-1.

Um einen geforderten Zuverlässigkeitsindex von β ≥ 2,9 zu erhalten, dürfen die Teilsicherheitsbeiwerte der Einwirkungsseite wie folgt abgemindert werden:

Für den Nachweis der Schubbewehrung

$$V_{Rd,s} = \frac{A_{sw}}{s} \cdot z \cdot f_{ywd} \cdot (cot\theta + cot\alpha) \cdot sin\alpha$$

können die Teilsicherheitsbeiwerte auf γ_G = 1,08 und γ_Q = 1,16 abgemindert werden.

Beim Nachweis des Bauteils ohne rechnerisch erforderliche Querkraftbewehrung

$$V_{Rd,c} = \left[\frac{0,18}{\gamma_c} \cdot \left(1 + \sqrt{\frac{200}{d}}\right) \cdot (100 \cdot \rho \cdot f_{ck})^{1/3} + 0,15 \cdot \sigma_{cp}\right] \cdot b_w \cdot d$$

besteht die Möglichkeit zur Abminderung auf $\gamma_G = \gamma_Q = 1,0$.
Im Falle eines Versagens der Betondruckstrebe

$$V_{Rd,max} = \alpha_{cw} \cdot b_w \cdot z \cdot \nu_1 \cdot \frac{f_{ck}}{\gamma_c} \cdot \left(\frac{\cot\theta + \cot\alpha}{1 + \cot^2\theta}\right)$$

berechnen sich die reduzierten Teilsicherheitsbeiwerte ebenfalls mit $\gamma_G = \gamma_Q = 1,0$.
Es wird empfohlen, den Teilsicherheitsbeiwert der veränderlichen Einwirkung nicht bis auf den Wert $\gamma_Q = 1,0$ abzumindern, um hier noch etwaige Unsicherheiten, bezogen auf die veränderlichen Lasten, abdecken zu können.

Alternativ zu den durchgeführten Berechnungen kann die Abbildung 7-2 zur Ermittlung des Kalibrierungsfaktors η herangezogen werden. Hierbei ist der geforderte Zuverlässigkeitsindex β auf der Abszisse festzulegen und der Kalibrierungsfaktor η in Abhängigkeit des Variationskoeffizienten der veränderlichen Einwirkung CoV_{VQ} auf der Ordinate abzulesen.

Anmerkung: Theoretisch und auch analytisch wäre eine Abminderung der Teilsicherheitsbeiwerte auf Werte < 1,0 möglich, jedoch werden die Teilsicherheitsbeiwerte mit dem Wert 1,0 aus ingenieurmäßigen Überlegungen limitiert.

8 Berechnung der erforderlichen Materialparameter mit Hilfe von neuronalen Netzwerken

8.1 Allgemeines und Systematik

Mit Hilfe von probabilistischen Berechnungsmethoden ist es möglich, die vorhandenen Zuverlässigkeiten von Strukturen zu ermitteln. Sowohl die Aufnahme der Tragwerksabmessungen als auch die Materialparameter spielen für die Zuverlässigkeitsbewertung eine entscheidende Rolle.

In der Regel erfolgt die Berechnung der Zuverlässigkeit eines Tragwerks bzw. die Ermittlung der nötigen Materialparameter zur Einhaltung erforderlicher Zuverlässigkeitsindizes über die „trial and error" - Methode. Die Bemessungsparameter werden iterativ dem Ergebnis in Form des Zuverlässigkeitsindex β angepasst. Diese Methode ist durchaus zielführend, jedoch bei komplexen Problemen sehr zeitintensiv. Eine Lösung bietet die auf einem neuronalen Netzwerk basierende Methode der inversen Zuverlässigkeitsbestimmung (MOSER et al. [47], NOVÁK [48] und LEHKÝ [37]).

8.1.1 Formulierung der Problematik bei der inversen Zuverlässigkeitsbestimmung

Die Basisvariablen bei der Zuverlässigkeitsermittlung folgen in der Regel einer definierten Verteilungsfunktion (PDF), sie können jedoch auch deterministisch sein. Die streuenden Basisvariablen, welche über die ersten beiden statistischen Momente definiert werden, seien mit dem Vektor $r = r_1, r_2, ... r_m, ... r_n$ und die deterministischen Basisvariablen mit dem Vektor $d = d_1, d_2, ... d_i, ... d_j$ bezeichnet. Die in Kapitel 4.4 beschriebenen Modellunsicherheiten werden mit dem Vektor $X = X_1, X_2, ... X_k, ... X_l$ berücksichtigt.

Mit der durch das mechanische Modell gegebenen Grenzzustandsfunktion $\tilde{G}$ erhält man als Ergebnis der probabilistische Berechnung die Versagenswahrscheinlichkeit p_f. Die Problematik der inversen Berechnung kann somit wie folgt beschrieben werden [37]:

Gegeben: p_f bzw. β

Gesucht: d und/oder r

Zusammenhang: $\tilde{G} = g(X, d, r)$

Die nachfolgende Tabelle zeigt mögliche Situationen, welche im Zuge einer inversen Berechnung auftreten können.

Basisvariable	deterministisch	variabel	
		Mittelwert	Variationskoeffizient
d_i	?	-	-
r_m	-	?	gegeben
r_m	-	gegeben	?
r_m[8]	-	?	?

Tabelle 8-1: Mögliche Berechnungssituationen für die inverse Analyse [47]

8.1.2 Inverse Berechnung mit Hilfe von neuronalen Netzwerken

Nachfolgend soll zusätzlich zur Abbildung 8-1 die Vorgehensweise zur Ermittlung von Materialparametern mit Hilfe von neuronalen Netzwerken beschrieben werden. Es sei angemerkt, dass für eine detailliertere Beschreibung der Funktionsweise solcher Netzwerke auf einschlägige Fachliteratur wie zum Beispiel [77] verwiesen wird.

1. Als erster Schritt erfolgt die Definition der zu untersuchenden Grenzzustandsfunktion $\tilde{G}$. Damit verbunden werden weiters auch die Basisvariablen (Materialparameter, Geometrie, Modellunsicherheiten, ...) definiert.
2. Mit Hilfe der LHS – Methode, welche eine erweiterte Form der Monte Carlo Methode ist und bereits bei einer geringen Anzahl an Simulationen ($n \approx 100$) auch für geringe Versagenswahrscheinlichkeiten von $p_f = 10^{-6}$ akzeptable Lösungen produziert (siehe Kapitel 3.2.4), werden für die streuenden Basisvariablen Werte für die Berechnung der Grenzzustandsfunktion anhand der Verteilungsfunktion ermittelt.
3. Es folgt die Berechnung der Versagenswahrscheinlichkeit p_f bzw. des Zuverlässigkeitsbeiwertes β. Anhand der Berechnungen ergeben sich Ergebnissets (Basisvariablen mit zugehörigen Versagenswahrscheinlichkeiten), die dem Training des neuronalen Netzwerkes dienen. Diese Sets werden in weiterer Folge als Trainingssets bezeichnet.
4. Das Erzeugen des neuronalen Netzwerkes erfolgt mit Hilfe von speziellen Softwarepaketen. Es sei an dieser Stelle auf [37] verwiesen, wo eine speziell dafür entwickelte Software, welche mit dem Statistikprogramm FReET [49] kommuniziert, vorgestellt wird. Neben dieser Software gibt es auch weitere Freeware Tools, welche kostenlos im Internet angeboten werden. Ein Beispiel dafür ist die Software MemBrain [30].
5. Als Outputfaktoren werden jene Basisvariablen definiert, die aufgrund eines

---

[8] Im Falle, dass sowohl der Mittelwert als auch der Variationskoeffizient gesucht werden, existieren unendlich viele Lösungen.

definierten Zuverlässigkeitsindex ermittelt werden sollen. Die Inputfaktoren hingegen sind unter anderem der Zuverlässigkeitsindex und andere Basisvariablen.

6. Das Training des neuronalen Netzwerkes stellt den wichtigsten Punkt dar. Mit Hilfe der zuvor ermittelten Trainingssets erfolgt ein überwachtes Training des Netzes und somit eine Festlegung der Gewichtungen der Verbindungen zwischen den Neuronen.

7. Das trainierte neuronale Netzwerk ist nun in der Lage, mit der Eingabe eines Zuverlässigkeitsindex β sowie der gegebenen Basisvariablen die gesuchte Größe $(f_c, CoV_{fc}, f_y, CoV_{fy}, ...)$ zu ermitteln.

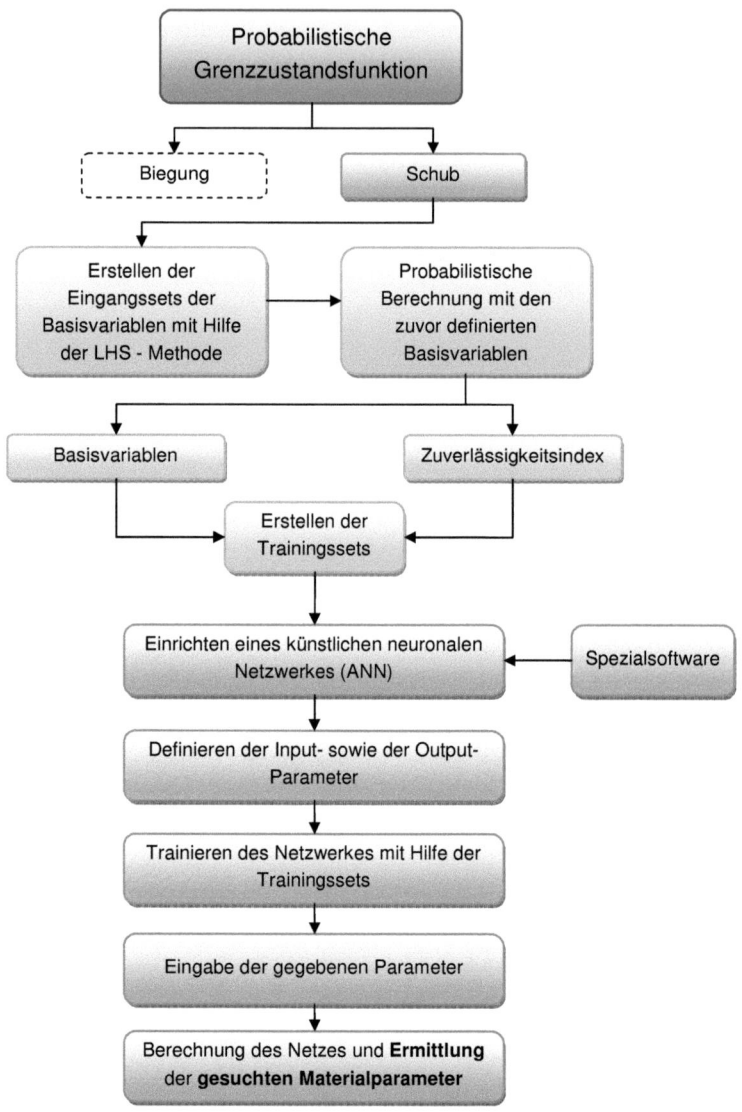

Abbildung 8-1: Konzeptionelle Vorgehensweise für die Ermittlung erforderlicher Materialparameter mit Hilfe von neuronalen Netzwerken

8.2 Anwendungsbeispiel

Für das in Kapitel 6 vorgestellte Brückentragwerk der Österreichischen Bundesbahnen sollen erforderliche Materialparameter zur Einhaltung definierter Zielzuverlässigkeiten mit Hilfe eines neuronalen Netzes ermittelt werden. Die Vorgehensweise erfolgt gemäß dem in Abbildung 8-1 dargestellten Flussdiagramm.

1. Probabilistische Grenzzustandsfunktion

Untersucht werden die Zuverlässigkeit bzw. die erforderlichen Materialparameter zur Einhaltung definierter Zuverlässigkeiten.

Die Grenzzustandsfunktionen wurden bereits in Kapitel 4.3.2 dargestellt und werden der Form halber an dieser Stelle noch einmal angeführt.

Versagen der Schubbewehrung

$$\widetilde{G}(V_{R,s}) = \Theta_{R(VR,S)} \cdot \tau_y \cdot z - (\Theta_{E(VG)} \cdot V_G + \Theta_{E(VQ)} \cdot V_Q)$$

Versagen von Betonquerschnitten ohne erforderliche Schubbewehrung

$$\widetilde{G}(V_{R,c}) = \Theta_{R(VR,c)} \cdot (\tau_c + 0{,}15 \cdot \sigma_{cp}) \cdot b_w \cdot d - (\Theta_{E(VG)} \cdot V_G + \Theta_{E(VQ)} \cdot V_Q)$$

Versagen der Betondruckstrebe

$$\widetilde{G}(V_{R,max}) = \Theta_{R(VR,max)} \cdot \tau_{c,max} \cdot b_w \cdot z - (\Theta_{E(VG)} \cdot V_G + \Theta_{E(VQ)} \cdot V_Q)$$

Die Untersuchungen in den vorangegangenen Kapiteln zeigen, dass für das vorliegende Tragwerk die Grenzzustandsfunktion $\widetilde{G}(V_{R,S})$ als maßgebend zu betrachten ist. Aus diesem Grund wird die Anwendung der neuronalen Netzwerktechnik an dieser Stelle ausschließlich für diesen Grenzzustand aufgezeigt.

2. Erstellen der Eingangssets

Für streuende Basisvariablen gelten die Verteilungsfunktion sowie die ersten beiden statistischen Momente als Eingangsgröße, bei den deterministischen Werten der jeweilige Zahlenwert. Es werden verschiedenste Kombinationen an möglichen Parametern zu jeweils einem Eingangsset zusammengestellt.

f_y [N/mm²]	CoV_{fy} [-]	V_G [kN/m]	CoV_{VG} [-]	V_Q [kN/m]	CoV_{VQ} [-]
436	0,05	30,84	0,05	44,97	0,1

Tabelle 8-2: Mögliches Eingangsset zur Berechnung der Versagenswahrscheinlichkeit p_f

Weitere Basisvariablen wie Modellunsicherheiten sowohl auf der Einwirkungs- als auch der Widerstandsseite oder geometrische Größen bleiben bei der Erstellung der Eingangssets unberücksichtigt.

3. Probabilistische Berechnung und Erstellen der Trainingssets

Mit der LHS – Methode erfolgt für jedes Eingangsset die Berechnung der Versagenswahrscheinlichkeit p_f bzw. des Zuverlässigkeitsindex β. Die Eingangssets mit den jeweilig ermittelten Zuverlässigkeitsindizes bilden in weiterer Folge die Trainingssets für das neuronale Netzwerk. In [37] beschreibt LEHKÝ, dass die LHS - Methode sehr gut für die Ermittlung von Trainingssets geeignet ist und adäquate Resultate liefert.

f_y [N/mm²]	CoV_{fy} [-]	V_G [kN/m]	CoV_{VG} [-]	V_Q [kN/m]	CoV_{VQ} [-]	β [-]
436	0,05	30,84	0,05	44,97	0,1	6,53

Tabelle 8-3: Mögliches Trainingsset für das neuronale Netzwerk

4. Erstellen eines neuronalen Netzwerkes

Mit Hilfe einer speziellen Software, wie zum Beispiel [30], welche zum Erstellen und Berechnen von künstlichen neuronalen Netzwerken programmiert wurde, wird ein neuronales Netzwerk mit den gegebenen Parametern als Inputneuronen und den gesuchten Parametern als Outputneuronen erstellt. Abbildung 8-2 zeigt ein neuronales Netzwerk zur Ermittlung der erforderlichen Stahlstreckgrenze $f_{y,erf}$ bei gegebenem Zuverlässigkeitsindex β.

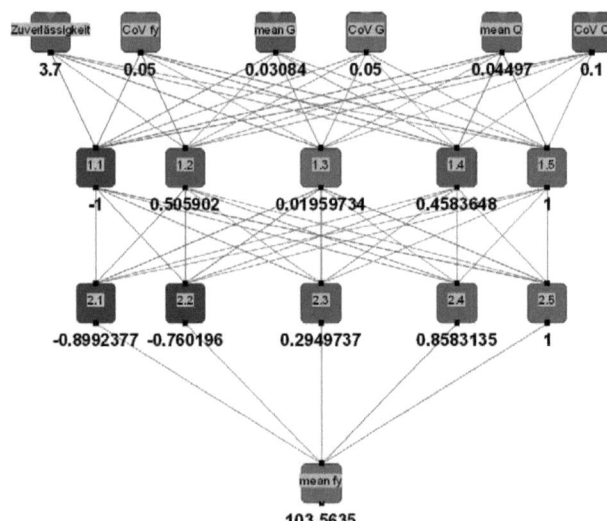

Abbildung 8-2: Neuronales Netzwerk zur Berechnung der Stahlstreckgrenze $f_{y,erf}$ bei einer definierten Zuverlässigkeit β

In Abbildung 8-2 wurde ein neuronales Netz mit dem Mittelwert der Stahlstreckgrenze $f_{y,erf}$ als Output generiert. Die restlichen Parameter aus Tabelle 8-4 stellen dabei die Eingangsparameter dar.

5. Trainieren des neuronalen Netzwerkes

Mit den zuvor erstellten Trainingssets (Input und zugehöriger Output) kann das Netzwerk trainiert und die Wichtungen der einzelnen Neuronen ermittelt werden.

6. Berechnung der gewünschten Parameter

Mit Hilfe des trainierten neuronalen Netzes ist es möglich, den oder die Outputparameter, wie zum Beispiel die Stahlstreckgrenze $f_{y,erf}$ für zuvor definierte Inputparameter, zu berechnen. So lassen sich beispielsweise erforderliche Materialparameter in Abhängigkeit vom erforderlichen Zuverlässigkeitsindex β ermitteln.

Inputparameter						Outputparameter
β	CoV_{fy}	V_G	CoV_{VG}	V_Q	CoV_{VQ}	f_y
[-]	[-]	[kN/m]	[-]	[kN/m]	[-]	[N/mm²]
3,8	0,05	30,84	0,05	44,97	0,1	151,54
4,7	0,05	30,84	0,05	44,97	0,1	200,84

Tabelle 8-4: Erforderliche Stahlstreckgrenze f_y bei fixiertem Variationskoeffizient von CoV_{fy} = 0,05 und gegebenem Zuverlässigkeitsindex β

Der ermittelten Stahlstreckgrenze liegen die in den vorangegangenen Kapiteln erläuterten Annahmen bezüglich der Geometrie bzw. der Material- und Modellunsicherheiten zugrunde (Tabelle 6-15 und Tabelle 7-3).

Mit Hilfe des neuronalen Netzwerkes kann weiters der Zusammenhang zwischen der veränderlichen Verkehrslast und dem Mittelwert der Stahlstreckgrenze bei einem erforderlichen Zuverlässigkeitsindex aufgetragen werden (Abbildung 8-3).

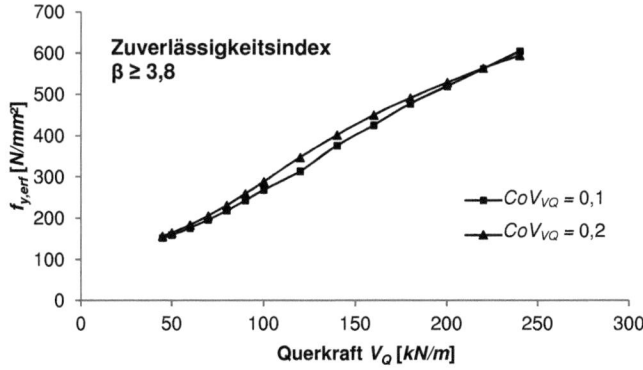

Abbildung 8-3: Zusammenhang zwischen der durch die veränderliche Last hervorgerufenen Querkraft V_Q und der Stahlstreckgrenze f_y bei einem definierten Zuverlässigkeitsindex von β = 3,8

8.3 Zusammenfassung

Die inverse Berechnung von Materialparametern in Abhängigkeit des Zuverlässigkeitsindex β mit Hilfe von neuronalen Netzwerken ermöglicht eine Festlegung von Materialeigenschaften am Bestandstragwerk, welche für die Einhaltung des festgelegten Zuverlässigkeitsindex erforderlich sind.

Die Ermittlung dieser Parameter erfolgt in weiterer Folge gemäß den in Kapitel 6.4.9 beschriebenen Methoden. Mit Hilfe der attributiven Methode und dem „Success Run" kann eine praxistaugliche Vorgabe für die erforderlichen Materialparameter zur Einhaltung der Mindestzuverlässigkeit gegeben werden.

Die Systematik der zuvor gezeigten Ermittlung der erforderlichen Stahlstreckgrenze mit Hilfe von neuronalen Netzwerken kann auf alle Basisvariablen angewandt werden. Es besteht demnach ebenso die Möglichkeit, eine für einen festgelegten Zuverlässigkeitsindex β erforderliche Betondruckfestigkeit zu berechen.

Die Verwendung von neuronalen Netzwerken bringt vor allem bei komplexen und mit einem hohen Zeitaufwand verbundenen FE – Berechnungen erhebliche Vorteile im Rechenaufwand mit sich. Nach der Ermittlung der Eingangssets für das neuronale Netzwerk können die Basisvariablen beliebig variiert werden, um so umfangreiche Parameterstudien zu erstellen. Dabei ist es nicht erforderlich, das System immer wieder neu mit Hilfe der FE – Methode zu berechnen, da über die Eingangssets die Wichtungen der Neuronen ermittelt und so die Zusammenhänge der Basisvariablen definiert wurden.

9 Instandhaltungsoptimierung mit Hilfe von Entscheidungsbäumen in Verbindung mit Markov - Ketten

9.1 Allgemeines

Die Instandhaltung und vor allem die Optimierung der Instandhaltung erlangten in den letzten zwei Jahrzehnten mehr und mehr an Bedeutung. Ziel dieser Optimierungsmodelle ist die Schonung der immer knapper werdenden Ressourcen.

Aus rein mathematischer Sicht kann dieses Problem als Optimierungsproblem mit mehreren Zielfunktionen und mehreren Einschränkungen beschrieben werden. Das größte Problem dabei spiegelt sich in der Tatsache wider, dass nahezu alle Inputparameter streuende Variablen sind und somit keine exakte Aussage über sie getroffen werden kann. Aus diesem Grund sind vereinfachende Annahmen nötig, welche dieses Problem mathematisch handhabbarer machen.

Die Entscheidungsfindung bezüglich der Optimierung kann gemäß HILLIER und LIEBERMANN in [20] nach drei verschiedenen Kriterien bewertet werden:
1. Kapazität des Modells, um die physikalische Realität adäquat zu beschreiben
2. Anzahl der modellabhängigen Einschränkungen
3. mathematische Steuerbarkeit des Modells

Bevor zur Instandhaltungsoptimierung mit Hilfe von Entscheidungsbäumen in Verbindung mit Markov - Ketten übergegangen wird, soll nun ein kurzer Überblick über verschiedene Instandhaltungsmodelle, welche bereits in der Literatur behandelt wurden, gegeben werden.

Instandhaltungsmodelle

Die mathematische Modellierung von Entscheidungsproblemen bezüglich der Optimierung der Instandhaltung begann in den 1960er Jahren. Die damalige Strategie bestand darin, die Bauwerke anhand des Bestandsalters zu ersetzen bzw. instand zu setzen. Nach dieser Methode wurden die Tragwerke ab dem Erreichen eines definierten Bestandsalters oder nach dem Versagen ersetzt. Diese Methode wurde die „age – replacement" - Strategie genannt [5]. In den letzten Jahrzehnten wurde diese Strategie weiterentwickelt und es wurde beispielsweise eine durchgeführte Instandhaltung mit berücksichtigt [74], [100].

Ein „age – replacement" – Modell, bei dem eine nutzungsverlängernde Instandhaltung mit berücksichtigt wurde, wurde erstmals von van NOORTWIJK und FRANGOPOL [98] vorgeschlagen. Diese Modelle vereint jedoch ein gemeinsamer Nachteil. Weder die Kosten noch die Unsicherheiten in Bezug auf die Inspektionen bzw. Instandhaltungen finden in diesen Modellen eine Berücksichtigung. Weiters wird auch von festen Inspektionsintervallen bei den Tragwerken ausgegangen.

Diese Einschränkungen führen lediglich zu einer Teilmenge der möglichen Lösungen des Ausgangsproblems, welches frei von jeglichen Einschränkungen bezüglich der zeitlichen Anberaumung der Instandhaltungsmaßnahmen ist. Für ein Optimum dieser Teilmenge kann dementsprechend nicht der Anspruch erhoben werden, dass dies auch gleichzeitig das Optimum der Ausgangslage ist.

Eine Implementierung von wahrscheinlichkeitstheoretischen Berechnungen in Form des Zuverlässigkeitsindex β oder der Versagenswahrscheinlichkeit p_f in die Optimierung der Instandhaltung bietet neue Möglichkeiten. In solchen Modellen ist es möglich, die Optimierung eines Mindestzuverlässigkeitsindex während des gesamten Lebenszyklus und den damit verbundenen Kosten durchzuführen.

Aufgrund der zu erwartenden Lebensdauer von 100 Jahren bei Brückentragwerken stellen die Vielzahl an möglichen Instandhaltungs- und Inspektionskosten bzw. die Inspektionsintervalle ein Problem für die Wahrscheinlichkeitsberechnung dar (hohe Anzahl an möglichen Szenarien).

Um diese Problematik in den Griff zu bekommen, werden häufig modellinduzierte Randbedingungen, wie zum Beispiel feste Inspektionszeiten, feste Regeln für Entscheidungen oder nur ein Inspektionstypus, eingeführt [25].

Um diese Modelle weiter zu optimieren, werden die Ergebnisse der Inspektionen und Instandhaltungen berücksichtigt und es wird ein neuer Ablaufplan aufgrund der aktualisierten Daten erstellt [19].

Diese Instandhaltungsmodelle werden in weiterer Folge basierend auf den Markov – Entscheidungsprozessen (siehe Kapitel 9.2) genutzt.

Die Modelle basieren auf dem „Bellmann – Optimierungsprinzip", welches speziell für Probleme, bei denen die aktuelle Entscheidung Einfluss über die in Zukunft getätigten Entscheidungen haben kann, entwickelt wurde.

Bei den beschriebenen Modellen wird davon ausgegangen, dass eine fehlerfreie und exakte Inspektion durchgeführt wird, dies ist jedoch nur in den seltensten Fällen zutreffend. Aus diesem Grund gilt es, weitere Verallgemeinerungen des Markov - Entscheidungsprozesses einzuführen, bei welchen der Zustand eines Systems nicht exakt bekannt ist und über eine Verteilungsfunktion geschätzt wird.

FADDOUL stellt in [20] eine Methode vor, in der die Abfolge möglicher Aktionen jeglicher Komplexität zu jeder Zeit mit einer dynamischen Programmierung optimiert wird (siehe Kapitel 9.3).

9.2 Markov – Ketten

Die Markov – Kette oder auch der Markov – Prozess wurde vom russischen Mathematiker *Andrej Andrejwitsch Markov* entwickelt [34]. Eine Markov – Kette ist ein stochastischer Prozess einer Zustandsänderung in einem diskreten Zustandsraum in einzelnen diskreten Zeitschritten. Es werden Wahrscheinlichkeiten eines Zustandswechsels von einem Ausgangszustand zu allen möglichen Folgezuständen definiert. In einem Markov – Prozess kann eine zukünftige Zustandsentwicklung sowohl in Abhängigkeit des aktuellen als auch der vorangegangenen Zustände ermittelt werden [21].

Ein Markov – Prozess n-ter Ordnung beschreibt den Fall, dass der Zustand Z_{n+1} in Abhängigkeit der n vorangegangenen Zustände steht.

Die Wahrscheinlichkeit, dass zum Zeitpunkt $n+1$ der Zustand $Z_{n+1} = \theta_{n+1}$ erreicht wird, kann folgendermaßen beschrieben werden:

$$P(Z_{n+1} = \theta_{n+1} | Z_n = \theta_n, Z_{n-1} = \theta_{n-1}, \dots,) \qquad (9\text{-}1)$$

Dabei gilt:

Z_n = Zustandsindex in Schritt n

θ_n = Ausprägung des Zustandsindex im Entscheidungsschritt n

Im Gegensatz dazu beschreibt ein Markov – Prozess erster Ordnung den Zustand Z_{n+1} in Abhängigkeit des jeweils vorangegangenen Zustandes n. Diese Eigenschaft, dass jeweils nur der aktuelle Zustand für den zukünftigen Zustand verantwortlich ist, nennt man Markov – Eigenschaft oder auch „Gedächtnislosigkeit". Dieser Prozess kann folgendermaßen beschrieben werden:

$$P(Z_{n+1} = \theta_{n+1} | Z_n = \theta_n) \qquad (9\text{-}2)$$

Ein Markov – Prozess ist somit definiert durch den aktuellen Zustand in Form einer Anfangsverteilung und der Übergangswahrscheinlichkeit.

Die Übergangswahrscheinlichkeit beschreibt dabei die Wahrscheinlichkeit des Überganges vom Zustand Z_n in den Zustand Z_{n+1}. In der Regel erfolgt die Darstellung in Form einer Matrix. Bei j möglichen zukünftigen Zuständen ergibt sich eine $j \times j$ Matrix.

Die Koeffizienten dieser Matrix werden wenn möglich auf Grundlage von vorhandenen Daten aus der Bauwerksinspektion gefüllt. Sollten keine Daten vorhanden sein, so besteht auch die Möglichkeit, diese Koeffizienten durch eine Expertenbefragung festzulegen [34].

9.3 Theorie zur Instandhaltungsoptimierung mit Hilfe des allgemeinen POMDP in Verbindung mit Entscheidungsprozessen

Der in [20] vorgestellten Methode des „Partial observable Markov decision processes" (POMDP) in Verbindung mit Entscheidungsbäumen liegen folgende Annahmen zugrunde:

1. Für eine Einheit wird nur ein möglicher Fehlermodus angenommen.
2. Die Variable $\theta \in \Theta = \{\theta_1, \theta_2, ... \theta_m\}$, welche den Zustand des Systems bzw. des Tragwerks beschreibt, bezieht ihre Werte aus einem zählbaren endlichen Set. Diese Variable wird als „state of nature" bezeichnet.
3. Das System besitzt die Markov – Eigenschaft („Gedächtnislosigkeit"). Dies bedeutet, dass bei einem bekannten Zustand der zukünftige und der vorangegangene Zustand voneinander unabhängig sind.
4. Eine Entscheidung über mögliche Inspektionen bzw. Instandhaltungen wird zu Beginn eines betrachteten Intervalls getroffen. Diese Intervalle haben immer dieselbe Zeitlänge.
5. Der Markov – Prozess, welcher einen diskreten Zeitablauf gemäß der Übergangsmatrix **M** beschreibt, muss zeithomogen sein.
6. Am Beginn jeder Stufe ist vom Systemmanager bzw. Brückenerhalter ein Ablauf für die Arbeiten (Inspektionen, Instandsetzungen) festzulegen. Dieser Ablauf besteht im Normalfall aus einer oder mehreren Inspektionen und darauf folgende Tätigkeiten.
7. Die Inspektionsmethoden $i \in I = \{i_0, i_1, ... i_p\}$ sind aus einem endlichen Set aus Alternativen auszuwählen. Dabei bedeutet i_0, dass keine Inspektion durchgeführt wird. Da die Ergebnisse von Inspektionen nicht exakt sind, werden diese über eine Verteilungsfunktion definiert.
8. Die möglichen Aktionen $a \in A = \{a_0, a_1, ... a_a\}$ werden ebenfalls aus einer endlichen Anzahl an Alternativen gewählt. a_0 bedeutet dabei, dass keine Aktion gesetzt wird.
9. Gegeben sei der aktuelle Zustand des Systems θ^n zu Beginn der Stufe n. Der Effekt von Instandhaltungen wird als streuend bewertet. Diese Unsicherheit kann mit einer Verteilungsfunktion beschrieben werden. Der Zustand $^a\theta^n$ eines Systems während des Intervalls n und nach der Aktion bzw. Instandsetzung a^n ist eine Variable, welche durch eine Verteilungsfunktion beschrieben werden kann. Die probabilistischen Unsicherheiten stehen im Zusammenhang mit den Effekten der Aktion und werden durch eine Übergangsmatrix $\mathbf{A}_{an}$ ausgedrückt. Folglich wird die Übergangsmatrix $\mathbf{M}_t$ vom Zustand θ^n zum Zustand θ^{n+1} ein Produkt aus der Markovian - Matrix **M** vom Zustand $^a\theta^n$ zum Zustand θ^{n+1} und der Übergangsmatrix $\mathbf{A}_{an}$ vom Zustand θ^n zum Zustand $^a\theta^n$ ($\mathbf{M}_t = \mathbf{M}\,\mathbf{A}_{an}$).
10. Die dabei berücksichtigten Kosten sind:
    a. $c_i(i)$ = die Kosten für die Inspektionsmethode i
    b. $c_a(a)$ = die Kosten für die Instandsetzung a
    c. $c_s(^a\theta^n)$= die Kosten bezogen auf das System im Zustand $^a\theta^n$ während der Stufe n und nach der Instandsetzung a

Bei den unterschiedlichen Instandsetzungsmodellen treten im Zusammenhang mit den Ergebnissen der Instandsetzungsarbeiten Unsicherheiten auf, die im Wesentlichen auf zwei Gründe zurückzuführen sind [20]:

- schlechte Ausführung der Instandsetzungsarbeiten
- die stochastische Verschlechterung des Zustandes zwischen der Zeit der Instandsetzungsarbeiten und dem Beginn der nächsten Phase

Aufgrund dieser Unsicherheiten werden probabilistisch dynamische Modelle verwendet. Bei den klassischen dynamischen Modellen wird zu Beginn jeder Stufe davon ausgegangen, dass eine fehlerfreie und perfekte Inspektion vorliegt. Diese Annahme bringt jedoch zwei große Nachteile bezüglich der Effizienz mit sich:

- Die Inspektion darf keine Fehler enthalten.
- Eine Optimierung der Inspektion ist dadurch nicht möglich.

Um diese Nachteile auszuräumen wird in [20] versucht, ein verallgemeinertes Modell des POMDP zu formulieren. Dabei wird der Zustand eines Systems am Beginn einer Stufe als ein Vektor $v^n = [v^n_1, v^n_2, ... v^n_m]$ definiert.

v^n_i ist dabei ein mit Wahrscheinlichkeiten verbundener Zustand θ_i des Systems.

Der erwartete Zustand v^{n+1} des Systems am Beginn der Stufe $n+1$ ist wie folgt definiert:

$$v^{n+1} = \mathbf{M} \times \mathbf{A}_{an} \times v_n \qquad (9\text{-}3)$$

In diesem Modell hat eine Instandsetzung eine probabilistische Auswirkung auf den Zustand des Systems. Der Zustand ist damit eine Verteilungsfunktion in einem definierten Glaubenszustand.

Die rekursive Beziehung der zu erwartenden Kosten kann in weiterer Folge gemäß [20] mit der Gleichung (9-4) definiert werden.

$$^*c(v^n) = min\{c_{cur}(v^n, a^n) + {^*c}(v^{n+1})\} \qquad (9\text{-}4)$$

Damit ist die optimale Aktion bzw. Instandsetzung bezogen auf den Zustand v^n gegeben durch:

$$^*a^n = arg\, min\{c_{cur}(v^n, a^n) + {^*c}(v^{n+1})\} \qquad (9\text{-}5)$$

Dabei gilt:

a^n = ausgeführte Aktion am Beginn der Stufe n

$c_{cur}(v^n, a^n)$ = Erwartete Kosten während der Stufe n, wenn am Beginn der Stufe der Zustand v^n vorherrschte und eine Aktion a^n gesetzt wurde.

$^*c(v^n)$ = die optimalen erwarteten Kosten bezogen auf den Zustand v_n am Beginn der Stufe n

Die Festlegung der durchzuführenden Aktion a^n und das Wissen über den Zustand v^n des Systems führten zum Zustand v^{n+1}. Hinter dem Konzept der Gleichungen (9-4) und (9-5) steht eine optimale Abfolge von Aktionen am Beginn der Stufe n unter Berücksichtigung der optimalen Kosten für den Anfang der Stufe $n+1$.

Bei der Umsetzung dieses Ansatzes ist eine Optimierung der Inspektionskosten jedoch nicht möglich, da von nur einer Inspektionsweise am Anfang jeder Stufe ausgegangen wird. In den meisten Fällen wird jedoch eine Entscheidung für eine optimale Reihenfolge von Aktionen gefordert, zum Beispiel eine Abfolge von einer oder zwei Inspektionen gefolgt von einer Entscheidung für die Instandhaltung.

Um diese Problematik in der dynamischen Analyse berücksichtigen zu können, wird ein Entscheidungsprozess (Entscheidungsbaum) zur Ermittlung der optimalen Kosten $\overset{*}{c}(v^n)$ und der optimalen Abläufe für jeden Zustand v^n eingebaut [20].

Entscheidungsbäume zeigen mögliche Varianten der Entscheidung und deren Folgen auf. In der Regel sind es die finanziellen Auswirkungen von Entscheidungen, die für die zuständigen Stellen von Interesse sind [84].

Um diese Entscheidungsbäume in den POMDP – Rahmen zu integrieren, sind noch weitere Modifikationen notwendig [20]:

- Die Berücksichtigung der Unsicherheit in Bezug auf den Zustand des Systems $^a\theta^n$, selbst wenn der Zustand der θ^n exakt bekannt war.
- Die Berücksichtigung, dass während der Beurteilung der optimalen Kosten der verschiedenen Zustände am Beginn der Stufe n die optimalen Kosten für die verschiedenen Zustände am Beginn der Stufe $n+1$ berechnet werden.

9.4 Anwendungsbeispiel

Im folgenden Kapitel wird zum besseren Verständnis in Anlehnung an [20] ein Beispiel für eine Instandhaltungsoptimierung präsentiert. Es soll das Potential zur Einsparung von Ressourcen mit den allgemeinen partiell beobachtbaren Markov - Entscheidungsprozessen in Verbindung mit Entscheidungsbäumen gezeigt werden.

Im Anwendungsbeispiel werden, ausgehend von einem fiktiven Tragwerkszustand, die möglichen Kostenentwicklungen bei drei zur Auswahl stehenden Instandhaltungsmaßnahmen berechnet. Jede der drei Instandhaltungsmaßnahmen trägt mit unterschiedlicher Wahrscheinlichkeit und unterschiedlich hohen Kosten zur Verbesserung des aktuellen Strukturzustandes bei (Abbildung 9-1). Diese Änderung des Strukturzustandes wird mit der Matrix $\mathbf{A}_{an}$ beschrieben. Die Degradation des Tragwerkszustandes im Laufe eines betrachteten Zeitintervalls wird mit der sogenannten Markovian – Übergangsmatrix $\mathbf{M}$ berücksichtigt.

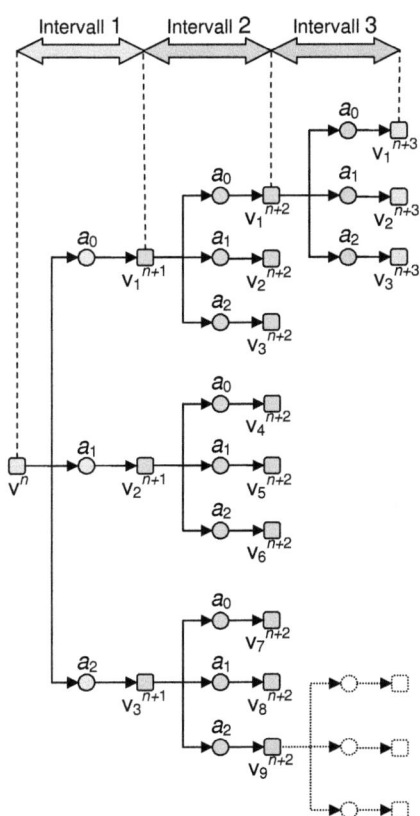

Abbildung 9-1: Entscheidungsbaum für Instandhaltungsmaßnahmen

9.4.1 Berechnungsparameter

Für die Berechnung der Kosten der Instandhaltung werden folgende Annahmen getroffen:

- Aktueller Strukturzustand v

$$v = \begin{bmatrix} \theta_1 \\ \theta_2 \\ \theta_3 \\ \theta_4 \\ \theta_5 \end{bmatrix} = \begin{bmatrix} 0,2 \\ 0,4 \\ 0,3 \\ 0,1 \\ 0,0 \end{bmatrix} \quad (9\text{-}6)$$

Der Zustandsvektor v kann folgendermaßen interpretiert werden:
Da ein Strukturzustand nicht als deterministisch betrachtet werden kann, wird angenommen, dass sich das Objekt mit einer Wahrscheinlichkeit von 0,2 im Zustand θ_1 (sehr guter Zustand gemäß [82]) bzw. mit einer Wahrscheinlichkeit von 0,0 im Zustand θ_5 (schlechter Zustand gemäß [82]) befindet.

- Übergangsmatrix $\mathbf{A}_{an}$

Im Anwendungsbeispiel stehen drei verschiedene Instandhaltungsaktionen zur Auswahl und somit auch drei unterschiedliche Übergangsmatrizen. Mit Hilfe der nachfolgenden Matrizen wird der Übergang vom Zustand θ^n vor der durchgeführten Instandhaltung zum Zustand $^a\theta^n$ unmittelbar nach der Instandhaltung berechnet.

$$\mathbf{A}_{an0} = \begin{bmatrix} a_{11}^{an} & \cdots & a_{51}^{an} \\ \vdots & \ddots & \vdots \\ a_{15}^{an} & \cdots & a_{55}^{an} \end{bmatrix} = \begin{bmatrix} 1,00 & 0,00 & 0,00 & 0,00 & 0,00 \\ 0,00 & 1,00 & 0,00 & 0,00 & 0,00 \\ 0,00 & 0,00 & 1,00 & 0,00 & 0,00 \\ 0,00 & 0,00 & 0,00 & 1,00 & 0,00 \\ 0,00 & 0,00 & 0,00 & 0,00 & 1,00 \end{bmatrix} \quad (9\text{-}7)$$

$$\mathbf{A}_{an1} = \begin{bmatrix} 1,00 & 0,00 & 0,00 & 0,00 & 0,00 \\ 0,70 & 0,30 & 0,00 & 0,00 & 0,00 \\ 0,40 & 0,40 & 0,20 & 0,00 & 0,00 \\ 0,00 & 0,20 & 0,30 & 0,40 & 0,10 \\ 0,00 & 0,00 & 0,30 & 0,30 & 0,40 \end{bmatrix} \quad (9\text{-}8)$$

$$\mathbf{A}_{an2} = \begin{bmatrix} 1,00 & 0,00 & 0,00 & 0,00 & 0,00 \\ 0,90 & 0,10 & 0,00 & 0,00 & 0,00 \\ 0,00 & 0,80 & 0,15 & 0,05 & 0,00 \\ 0,00 & 0,10 & 0,70 & 0,20 & 0,10 \\ 0,00 & 0,00 & 0,35 & 0,60 & 0,05 \end{bmatrix} \quad (9\text{-}9)$$

Aus Gleichung (9-7) ist ersichtlich, dass es sich bei der Aktion a_0 um „keine Instandhaltungsaktion" handelt. Für die Aktion a_1 gilt beispielsweise: Wenn sich die

Struktur vor der Aktion in Zustand θ_2 befindet, befindet sich die Struktur unmittelbar nach der Instandhaltungsaktion mit einer Wahrscheinlichkeit von 0,70 im Zustand θ_1.

- Markovian - Übergangsmatrix **M**

Die Markovian - Übergangsmatrix **M** beschreibt den Übergang vom Bauwerkszustand $^a\theta^n$ zum Zeitpunkt unmittelbar nach der Aktion a_i zum Bauwerkszustand $^a\theta^{n+1}$ am Ende des betrachteten Zeitintervalls.

$$M = \begin{bmatrix} 0,50 & 0,25 & 0,20 & 0,05 & 0,00 \\ 0,00 & 0,50 & 0,25 & 0,20 & 0,05 \\ 0,00 & 0,00 & 0,50 & 0,30 & 0,20 \\ 0,00 & 0,00 & 0,00 & 0,70 & 0,30 \\ 0,00 & 0,00 & 0,00 & 0,00 & 1,00 \end{bmatrix} \qquad (9\text{-}10)$$

Befindet sich die Struktur zum Zeitpunkt a^n, unmittelbar nach der Instandhaltungsaktion, im Zustand $^a\theta_3^n$, so wir das Objekt mit einer Wahrscheinlichkeit von 0,50 in diesem Zustand bleiben bzw. mit einer Wahrscheinlichkeit von 0,30 in Zustand $^a\theta_4^{n+1}$ übergehen.

- Kosten c

Im Laufe eines Betrachtungszeitraumes fallen für ein Objekt je nach Bauwerkszustand unterschiedlich hohe Kosten an. Diese Kosten werden in der Berechnung in Form eines Vektors folgendermaßen festgelegt:

$$c^n = \begin{bmatrix} c_{\theta 1} \\ c_{\theta 2} \\ c_{\theta 3} \\ c_{\theta 4} \\ c_{\theta 5} \end{bmatrix} = \begin{bmatrix} 200 \\ 600 \\ 1500 \\ 2500 \\ 4000 \end{bmatrix} \qquad (9\text{-}11)$$

Befindet sich das Objekt am Beginn des Intervalls n und nach der Instandhaltungsaktion a_i im Zustand θ_2, so entstehen im Laufe des Intervalls Kosten in der Höhe von 600 Geldeinheiten.

Die Kosten für die möglichen Instandhaltungsmaßnahmen werden folgendermaßen festgelegt:

a_0 0 Geldeinheiten   (keine Maßnahme)

a_1 1000 Geldeinheiten (Maßnahme geringen Umfanges)

a_2 2000 Geldeinheiten (Maßnahme größeren Umfanges)

9.4.2 Berechnung der optimalen Kosten für die Instandhaltung

FADDOUL beschreibt in [20] den vorliegenden Sachverhalt als eine Optimierung von Instandhaltungsmaßnahmen ohne vorangegangene Inspektionen und errechnet die optimalen Kosten gemäß Gleichung (9-12). Dabei sei vorausgesetzt, dass der Strukturzustand θ_n eine Zufallsvariable ist und die Art der gesetzten Instandhaltungsmaßnahme a_n eine Entscheidungsvariable.

$$^*c(v^n) = \min_{a^n \in A} \left[c_a(a^n) + \frac{1}{1+\alpha} \cdot {}^*c(v^n \cdot \mathbf{A}_{an} \cdot \mathbf{M}) + \sum_j \left[\sum_k c_s({}^a\theta_k^n) \cdot a_{jk}^{an} \right] \cdot \Pr(\theta_j^n) \right]$$

(9-12)

Dabei gilt:

$^*c(v^n)$	=	optimale Kosten am Beginn des Intervalls n in Abhängigkeit des Objektzustandes v^n
$c_a(a^n)$	=	Kosten der Instandhaltungsmaßnahme a^n
α	=	Verzinsungsfaktor
v^n	=	Objektzustand am Beginn des Intervalls n
$\mathbf{A}_{an}$	=	Übergangsmatrix der Instandhaltungsaktion
$\mathbf{M}$	=	Markovian - Übergangsmatrix
$^*c(v^n \cdot \mathbf{A}_{an} \cdot \mathbf{M})$	=	optimale Kosten zum Zeitpunkt $n+1$
$\Pr(\theta_j^n)$	=	Wahrscheinlichkeit für den Zustand j zum Zeitpunkt n
$\sum_j \left[\sum_k c_s({}^a\theta_k^n) \cdot a_{jk}^{an} \right] \cdot \Pr(\theta_j^n)$	=	Kosten während des Intervalls n nach der Instandhaltungsaktion a_i

Die Dauer für ein Zeitintervall wird mit 6 Jahren und der Verzinsungsfaktor mit $\alpha = 0{,}0$ angenommen.

Die Kosten am Beginn eines Intervalls werden immer in Bezug auf die erwarteten Kosten zum Zeitpunkt $n+1$ berechnet. Ziel ist es, den kostengünstigsten Instandhaltungsplan für die kommenden Intervalle zu ermitteln. In vorliegenden Beispiel wurde ein Zeitraum von 18 Jahren, also drei Intervalle, berücksichtigt und ein optimaler Instandhaltungsplan berechnet (siehe Abbildung 9-2).

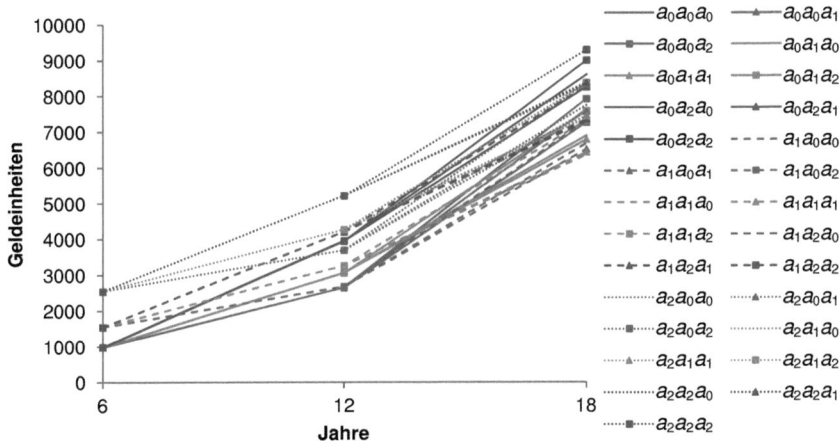

Abbildung 9-2: Instandhaltungsoptimierung für ausgewählte Instandhaltungsmaßnahmen

Mit den in Kapitel 9.4.1 festgelegten Berechnungsparametern konnte folgender optimaler Ablauf der Instandhaltungsmaßnahmen errechnet werden:

Aktion a_1 → Aktion a_1 → Aktion a_0

Durch die allgemeine POMDP Methode wurde festgestellt, dass die Instandhaltungsplanung $a_1 - a_1 - a_0$ allen anderen Varianten vorzuziehen ist. Im Vergleich zur Variante $a_2 - a_2 - a_2$ könnten die Instandhaltungskosten um ca. 46% verringert werden. Auch gegenüber der Variante $a_0 - a_0 - a_0$, also keiner Maßnahme, bewirkt die vorgeschlagene Instandhaltung eine Kostenreduktion von ca. 20%.

10 Zusammenfassung und Ausblick

10.1 Zusammenfassung

Die vorliegende Arbeit zeigt eine Möglichkeit, die zuverlässigkeitsbasierten probabilistischen Berechnungsmethoden in eine semi-probabilistische Nachweisführung einzugliedern und somit einen praxisgerechten Zugang zu schaffen. Neben diesem Hauptpunkt der Arbeit werden noch die Anwendung von neuronalen Netzwerken zur Bestimmung von Materialparametern und eine Möglichkeit zur Instandhaltungsoptimierung von Brückentragwerken aufgezeigt.

In Kapitel 2 wurde auf die Grundlagen und die normative Regelung der Zuverlässigkeit von Tragwerken eingegangen. Neben der Definition der unterschiedlichen grundlegenden Begriffen der zuverlässigkeitsbasierten Berechung von Tragwerken wird das Hauptaugenmerk auf die in den Normen festgelegten Zuverlässigkeitsindizes sowie deren mögliche Abminderung gelegt. Es werden Gründe und Möglichkeiten dargestellt, die in den Normen verankerten Zuverlässigkeitsindizes für bestehende Tragwerke sinnvoll abzumindern. Neben den unterschiedlichen Eigenschaften eines Tragwerks wie z.B. die Duktilität oder das Systemverhalten kann auch ein adäquates Monitoringsystem Grund für eine Abminderung des Zuverlässigkeitsindex darstellen. Weiters spielt auch die sogenannte Restlebensdauer für den erforderlichen Zuverlässigkeitsindex eine entscheidende Rolle und ermöglicht für bereits bestehende Brückentragwerke eine mögliche Abminderung.

Kapitel 3 gibt eine kurze Übersicht über die im Ingenieurbereich wichtigen Verteilungsfunktionen. Als die wichtigsten Verteilungsfunktionen für die probabilistischen Berechnungen und somit für die Ermittlung der Zuverlässigkeit eines Tragwerks können hier die Normalverteilung und Lognormalverteilung genannt werden. Es werden jedoch auch noch drei weitere Verteilungsfunktionen (Weibull-, Gumbel-, Gammaverteilung) beschrieben. Den Abschluss des Kapitels bildet eine Beschreibung der Methoden zur Berechnung der Zuverlässigkeit im Ingenieurbau. Neben der First und Second Order Reliability Method (FORM, SORM) werden auch die in der vorliegenden Arbeit zur Anwendung kommenden Simulationsverfahren (Monte Carlo Methode, Latin Hypercube Sampling Methode) erläutert.

In Kapitel 4 werden die mechanischen Rechenmodelle und deren probabilistische Grenzzustandsfunktion beschrieben, wobei hier besonderes Augenmerk auf die Grenzzustandsfunktion des Querkraftversagens gelegt wird. Weiters wird sowohl ein Überblick über die Unsicherheiten der mechanischen Rechenmodelle als auch über die Unsicherheiten der Beanspruchung gegeben. Für die weiteren Berechnungen werden hier Festlegungen bezüglich dieser Unsicherheiten getroffen.

Kapitel 5 soll einen kurzen Überblick über den nicht unerheblichen Einfluss des gewählten Rechenmodells zur Ermittlung der Schnittgrößen geben. Es werden anhand eines Tragwerks die unterschiedlichen Ergebnisse bei unterschiedlicher Modellierung des

Systems dargestellt und verglichen und dadurch ein Hinweis auf die Modellierung des Systems bei Nachrechnungen gegeben.

Das Kapitel 6 gibt neben der Beschreibung des in der Arbeit betrachteten Tragwerks einen Überblick über die Möglichkeiten zur Ermittlung der probabilistischen Parameter für Stahlbetontragwerke. Hier wird zwischen der Ermittlung durch Bauwerksprüfungen und der Ermittlung durch empirisch abgesicherte Daten unterschieden. Bei der Ermittlung der probabilistischen Daten durch Prüfungen stellt die Auswertung dieser Daten einen wichtigen Teil der Arbeit dar. Es werden hier Tabellen zur Ermittlung statistisch abgesicherter Daten und drei Berechnungsmethoden bereit gestellt, wobei von der Methode gemäß EN 13791 [18] aufgrund von Überschätzungen der stochastischen Werte abzuraten ist. Abschließend erfolgen eine Zusammenfassung und ein Vorschlag von Verteilungsfunktionen für die zur Nachrechnung relevanten Basisvariablen.

Kapitel 7 liefert eine Methode zur inversen Berechnung von erforderlichen Teilsicherheitsbeiwerten bei einer reduzierten Zielzuverlässigkeit. Über Umformen und Verknüpfen des Bemessungsmodells mit der Grenzzustandsfunktion besteht die Möglichkeit, über ein definiertes Zuverlässigkeitsniveau die für den semi-probabilistischen Nachweis erforderlichen Teilsicherheitsbeiwerte zu ermitteln. Über eine Normierung der probabilistischen Berechnung konnten Diagramme zur Ermittlung eines Kalibrierungsfaktors η in Abhängigkeit des Zuverlässigkeitsindex β erstellt werden, um so eine praxisgerechte Anwendung zu gewährleisten. Die Reduktion der Teilsicherheitsbeiwerte wurde entweder auf der Einwirkungsseite oder auf der Widerstandsseite vorgenommen. Die Diagramme und somit die Verknüpfung der nach den Regelwerken definierten Nachweisroutine mit einer möglichen Zuverlässigkeitsreduktion sollen dabei helfen, die probabilistische Berechnung in der Praxis zu etablieren.

In Kapitel 8 wird die Methode zur Ermittlung erforderlicher Materialparameter mit Hilfe eines neuronalen Netzwerkes beschrieben und anhand eines konkreten Beispiels aufgezeigt. Diese Möglichkeit der Parameterfestlegung bringt vor allem für komplexe Systeme Vorteile in Bezug auf die Berechnungszeit. Weiters besteht dabei auch die Möglichkeit, für Brückenprüfungen vorab Mindestwerte der Materialparameter zu ermitteln, um bereits vor Ort eine Aussage über den Zustand des Tragwerks tätigen und eventuelle Maßnahmen setzen zu können.

Im letzten Kapitel wird ein neues Verfahren der Instandhaltungsoptimierung von Brückentragwerken vorgestellt. Es handelt sich dabei um ein allgemeines Verfahren mit Hilfe von Entscheidungsbäumen in Verbindung mit Markov - Ketten. Durch eine wahrscheinlichkeitstheoretische Betrachtung von Inspektionen und durchgeführten Instandhaltungsmaßnahmen kann eine Optimierung der Maßnahmen und somit auch eine Optimierung der Instandhaltungskosten erfolgen. Zum besseren Verständnis wird dafür ein fiktives Beispiel für die Instandhaltungsoptimierung angeführt.

10.2 Ausblick

Die vorliegende Arbeit zeigt praxisgerechte Anwendungen zur probabilistischen Beurteilung von bestehenden Stahlbetonbrücken. Neben der Ermittlung von Teilsicherheitsbeiwerten und erforderlichen Materialparametern wird auch eine Möglichkeit zur Optimierung des Instandhaltungsprozesses gezeigt.

Die Berechnungen wurden mit zuvor in der Literatur recherchierten Verteilungen für die Basisvariablen durchgeführt. Um die in den Normen verankerten probabilistischen Berechnungen für die Praxis anwendbarer zu gestalten ist es erforderlich, diese Verteilungen und Unsicherheiten in den zukünftigen Regelwerken zu verankern.

Neben den Unsicherheiten der Widerstandsseite in Form von Verteilungen für die Materialparameter spielen auch die Einwirkungen eine maßgebende Rolle. Hier wäre es wünschenswert, definierte Verteilungen unterschiedlicher Streckenklassen für von Schienenfahrzeugen befahrene Tragwerke zu erstellen, um auch die Belastungen adäquat und ohne einen übermäßigen Aufwand in Form von Vor – Ort – Messungen in die Berechnung einfließen zu lassen.

Bei der inversen Ermittlung der Teilsicherheitsbeiwerte wurden in der vorliegenden Arbeit die Einwirkungsseite und die Widerstandsseite getrennt voneinander abgemindert. In einer erweiterten Betrachtungsweise steht der multiplen gleichzeitigen Optimierung / Anpassung der Teilsicherheitsbeiwerte, zum Beispiel in Form einer Pareto – Optimierung, nichts im Wege.

Literatur

[1] **Ang A.H-S.**: On Risk and Reliability – Contributions to Engineering and Future Challenges; Safety, Reliability and Risk of Structures, Infrastructures and Engineering Systems – Furuta; Frangopol & Shinozuka; Taylor & Francis Group; ISBN 978-0-415-47557-0; London; 2010

[2] **Ang A.H-S., Tang W.H.**: Probability Concepts in Engineering – Emphasis on Applications to Civil and Environmental Engineering; 2nd Edition; J. Wiley & Sons; ISBN-13 978-0-471-72064-5; New York; 2007

[3] **Auberg R.**: Zerstörungsfreie Bauwerksdiagnostik – Anwendung und Grenzen bei Betonbauwerken; Beton- und Stahlbetonbau 101 (2006); Heft 8; Seite 596 – 605

[4] **Bailey S.F.**: Basic principles and load models of structural safety evaluation of existing road bridges – Thèse No. 1467, École Polytechnique Fédérale de Lausanne; 1996

[5] **Barlow R.E., Hunter L.C.**: Optimum preventive maintenance policies; Operations Research 8; 1960; Page 90 - 100

[6] **Bažant Z.P., Becq-Giraudon E.**: Statistical prediction of fracture parameters of concrete and implications of choice of testing standard; Cement and Concrete Research 32 (2002); Page 529 - 556

[7] **Benko V., Eichinger E.M., Fornather J., Halvonik J., Potucek W., Rieder A., Strauss A.**: Grundlagen der Tragwerksplanung – Eurocode 0, Erläuterung zu ÖNORM EN 1990 und ÖNORM B 1990-1; 1. Auflage; ON Österreichisches Normungsinstitut; ISBN 3-85402-087-2; Wien; 2005

[8] **Bergmeister K., Santa U.**: Brückeninspektion und –überwachung; Betonkalender 2004; Band 1; Abschnitt VII; Seite 409 – 476; Ernst & Sohn Verlag; Berlin; 2004

[9] **Bergmeister K., Wendner R.**: Monitoring und Strukturidentifikation von Betonbrücken; Betonkalender 2010; Band 1; Abschnitt IV; Seite 245 – 290; Ernst & Sohn Verlag; Berlin; 2010

[10] **Braml T.**: Zur Beurteilung der Zuverlässigkeit von Massivbrücken auf Grundlage der Ergebnisse von Überprüfungen am Bauwerk; Dissertation an der Universität der Bundeswehr München; Neubiberg; 2010

[11] **Braml T., Fischer A., Keuser M., Schnell J.**: Beurteilung der Zuverlässigkeit von Bestandstragwerken hinsichtlich einer Querkraftbeanspruchung; Beton- und Stahlbetonbau 104 (2009); Heft 12; Seite 798 – 812

[12] **Brehm E., Schmidt H., Graubner C.-A.**: Model Uncertainties for Shear Capacity Prediction of Reinforced Concrete Members; 6th International Probabilistic Workshop – 32. Darmstädter Massivbauseminar; ISBN: 978-3000250507; 2008; Seite 231 - 245

[13] **Bogath J.**: Verkehrslastmodelle für Straßenbrücken; Dissertation; Wien; Universität für Bodenkultur; 1997

[14] **Červenka V., Červenka J.**: ATENA Program Documentation Part 2-1 – User´s Manual for ATENA 2D; Prague; March 2010

[15] **Cornell C.A.**: A Probability – Based Structural Code; ACI Journal No. 12; Volume 66; Page 974 – 985; 1969

[16] **DafStb Heft 525**: Deutscher Ausschuss für Stahlbeton: Heft 525; Erläuterungen zu DIN 1045-1; Beuth – Verlag; Berlin; 2003

[17] **Dietl E., Esberger R., Klem S., Vogel N.**: Straßenverkehrsunfälle – Österreich; Basic Fact Sheet 2009; Statistischer Jahresreport; Bundesanstalt für Verkehr; 2010

[18] **EN 13791**: Bewertung der Druckfestigkeit von Beton in Bauwerken oder in Bauwerksteilen; Ausgabe 01.08.2007

[19] **Estes A.C., Frangopol D.M.**: Minimum expected cost – oriented optimal maintenance planning for deteriorating structures: application to concrete bridge decks; Reliability Engineering and System Safety; Nr. 73; 2001; Page 281 – 291

[20] **Faddoul R., Raphael W., Chateauneuf A.**: A generalised partially observable Markov decision process updated by decision tree for maintenance optimisation; Structure and Infrastructure Engineering; Vol. 7; Nr. 10; 2011; Page 783 - 796

[21] **Fastrich A., Girmscheid G.**: Optimierungsmodell – Probabilistische Optimierung der Straßenunterhaltsmaßnahmen mittels Markov – Ketten und Monte Carlo Simulation; Bauingenieur; Band 85; November 2010; Seite 471 - 481

[22] **Fischer L.**: Das neue Sicherheitskonzept im Bauwesen – Ein Leitfaden für Bauingenieure, Architekten und Studenten; Bautechnik Spezial (Sonderheft); Ernst und Sohn; Berlin; 2001

[23] **Fischer L.**: Bestimmung des 5%-Quantils im Zuge der Bauwerksprüfung – Bezugnahme auf DIN – Normen und Eurocodes; Bautechnik 72 (1995); Heft 11; Seite 712 - 722

[24] **Fischer L.**: Europäische Baunormen im Test – Charakteristische Werte nach DIN EN 1990, DIN EN 1926 und DIN EN 13162; Bautechnik 83 (2006); Heft 5; Seite 351 - 364

[25] **Frangopol D.M., Kong J.S., Gharaibeh E.S.**: Reliability – Based Life – Cycle Management of Highway Bridges; Journal of Computing in Civil Engineering; ASCE; Volume 15 (2001); No. 1; Page 27 - 34

[26] **Hansen M., Grünberg J.**: Überwachungsmaßnahmen und Bauwerkszuverlässigkeit – Zusammenhänge und Auswirkung; Beton- und Stahlbetonbau 101 (2006); Heft 5; Seite 343 - 349

[27] **Hasofer A.M., Lind N.C.**: Exact and Invariant Second – Moment Code Format; Journal of the Eng. Mech. Division; Volume 100; No. EM 1; 1974

[28] http://www.austrianmap.at/amap/index.php?SKN=1&XPX=637&YPX=492
08.01.2010; 08:37

[29] **Hosser D., Gensel B.**: Einflüsse auf Betondeckung von Stahlbetonbauteilen - statistische Analyse von Messungen an Wänden, Stützen und Unterzügen; Beton- und Stahlbetonbau 10 (1996); Heft 10; Seite 229 - 235

[30] **Jetter T.**: MemBrain – Neuronale Netze Editor und Simulation; www.membrain-nn.de; 08.09.2011; 13:53

[31] **Joint Committee on Structural Safety (JCSS)**: Probabilistic Model Code 12th draft; http://www.jcss.ethz.ch; 10.11.2000

[32] **Kirkpatrick K., Gelatt C.D., Vecchi M.P.**: Optimization by Simulated Annealing; Science 13 May 1983; Volume 220; Number 4598; Page 671 - 680

[33] **König G., Zink M.**: Zum Biegeschubversagen schlanker Stahlbetonbauteile; Bautechnik 76 (1999); Heft 11; Seite 959 - 969

[34] **Kühni K., Bödefeld J., Kunz C.**: EMS-WSV – Ein Erhaltungsmanagementsystem für Verkehrswasserbauwerke; Bautechnik 85 (2008); Heft 8; Seite 514 - 520

[35] **Kurrer K-E.**: The History of the Theory of Structures – From Arch Analysis to Computational Mechanics; Ernst & Sohn Verlag für Architektur und technische Wissenschaften; ISBN 978-3-433-01839-5; Berlin; 2008

[36] **Laarhoven P.J.M.V, Aarts E.H.L.**: Simulated annealing: Theory and applications; D. Reidel Publishing Company; Holland; 1987

[37] **Lehký D., Novák D.**: An artificial network approach to solve inverse reliability problems; Engineering and Risk Management; ISBN: 978-7-5608-4388-9; Shanghai; China; 2010; Page 564 - 570

[38] **Lehký D., Keršner Z., Novák D.**: Jointless bridge: determination of fracture mechanical parameters values for non linear analysis; Bridge Maintenance, Safety, Management and Life – Cycle Optimization – Frangopol, Sause & Kusko (eds); Taylor & Francis Group; ISBN 978-0-415-87786-2; London; 2010

[39] **Liu Q.**: Wahrscheinlichkeitstheorie und Statistik für Bauingenieure; Skriptum Technische Universität Graz; Graz; 2007

[40] **Liu M., Kwon K.**: Optimization of Retrofitting Distortion Induced Fatigue Cracking of Steel Bridges using Monitored Data under Uncertainty; Engineering Structures; Elsevier; Vol. 32; No. 11; 2010

[41] **Liu M., Kim S.**: Bridge Safety Evaluation Based on Monitored Live Load Effects; Journal of Bridge Engineering; ASCE; Vol. 14; No. 4; 2009

[42] **Matousek M., Schneider J.**: Untersuchungen zur Struktur des Sicherheitsproblems bei Bauwerken; Institut für Baustatik und Konstruktion der ETH Zürich; Bericht No. 59; ETH Zürich; 1976

[43] **McKay M.D., Beckman R. J., Conover W. J.**: A Comparison of Three Methods for Selecting Values of Input Variables in the Analysis of Output from a Computer Code; Technometrics (American Statistical Association); Volume 21; 1979; Page 239 – 245

[44] **Melchers R.E.**: Structural Reliability Analysis and Prediction; Second Edition; John Wiley & Sons Ltd.; ISBN 0-471-98324-1; London; 2002

[45] **Mehdianpour M.**: Tragfähigkeitsbewertung bei Versuchen – Probenzahl versus Aussagesicherheit; 4th International Probabilistic Symposium; 12 – 13 October 2006; Berlin; Germany

[46] **Nataf A.**: Détermination des distributions de probabilitiés dont les marges sont données; CR Acad. Sci.; Volume 255; Paris; 1962; Page 42-43

[47] **Moser T., Strauss A., Bergmeister K., Lehký D., Novák D.**: Performance Assessment of an Existing Railway Bridge; In: Life – cycle of Civil Engineering Systems; ISBN: 978-986-02-4986-6; Taipei; Taiwan; 2010; Page 340 – 346

[48] **Novák D., Lehký D.**: Neural Network Based Identification of Material Model Parameters to Capture Experimental Load – deflection Curve; Acta Polytechnica Vol. 44; No. 5-6; 2004; Page 110 - 116

[49] **Novák D. et al.**: FReET – Multipurpose Probabilistic Software for Statistical, Sensitivity and Reliability Analysis – Program Documentation; Revision 6/2005

[50] **Novák D., Teplý B., Keršner Z.**: The role of Latin Hypercube Sampling method in reliability engineering; In: Structural Safety and Reliability: 7th International Conference on Structural Safety and Reliability 1997; Kyoto; Japan; 1997

[51] **Novák D.**: Small – sample simulation for uncertainties modelling in engineering: Theory, software and applications; Weimarer Optimierungs- und Stochastiktage 3.0; 2006

[52] **O'Connor A., Pedersen C., Gustavsson L., Enevoldsen I.**: Probability – Based Assessment and Optimised Maintenance Management of a Large Riveted Truss Railway Bridge; Structural Engineering International; Volume 19 (2009), No. 4; Page 375 - 382

[53] **ÖNORM B 1992-1-1**: Eurocode 2: Bemessung und Konstruktion von Stahlbeton- und Spannbeton Teil 1-1: Allgemeine Bemessungsregeln und Regeln für den Hochbau; Ausgabe 01.02.2007

[54] **ÖNORM B3303**: Betonprüfung; Ausgabe 09.01.2002

[55] **ÖNORM B4000-2**: Berechnung und Ausführung der Tragwerke; allgemeine Grundlagen; Raumgewichte von Baustoffen und Lagergut; Ausgabe 28.04.1952

[56] **ÖNORM B4003-1**: Berechnung und Ausführung der Tragwerke; allgemeine Grundlagen; Eisenbahnbrücken; Ausgabe 25.01.1956

[57] **ÖNORM B4040**: Allgemeine Grundsätze über die Zuverlässigkeit von Tragwerken; Ausgabe 01.03.1989

[58] **ÖNORM B4200-4**: Stahlbetontragwerke; Berechnung und Ausführung; Ausgabe 04.06.1957

[59] **ÖNORM B4700**: Stahlbetontragwerke EUROCODE-nahe Berechnung, Bemessung und konstruktive Durchbildung; Ausgabe 01.06.2001

[60] **ÖNORM EN 12504-1**: Prüfung von Beton in Bauwerken – Teil 1: Bohrkernproben – Herstellung, Untersuchung und Prüfung der Druckfestigkeit; Ausgabe 01.05.2009

[61] **ÖNORM EN 12504-2**: Prüfung von Beton in Bauwerken – Teil 2: Zerstörungsfreie Prüfung – Bestimmung der Rückprallzahl; Ausgabe 01.11.2001

[62] **ÖNORM EN 12504-4**: Prüfung von Beton in Bauwerken – Teil 4: Zerstörungsfreie Prüfung – Bestimmung Ultraschallgeschwindigkeit; Ausgabe 01.11.2001

[63] **ÖNORM EN 1990**: Eurocode Grundlagen der Tragwerksplanung; Ausgabe 01.03.2003

[64] **ÖNORM EN 1990/A1**: Eurocode Grundlagen der Tragwerksplanung (Änderung); Ausgabe 01.09.2006

[65] **ÖNORM EN 1991-2**: Eurocode 1: Einwirkung auf Tragwerke Teil 2: Verkehrslasten auf Brücken; Ausgabe 01.08.2004

[66] **ÖNORM EN 1992-1-1**: Eurocode 2: Bemessung und Konstruktion von Stahlbeton- und Spannbeton Teil 1-1: Allgemeine Bemessungsregeln und Regeln für den Hochbau; Ausgabe 01.07.2009

[67] **ÖNORM EN 1992-2**: Eurocode 2: Bemessung und Konstruktion von Stahlbeton- und Spannbeton Teil 2: Betonbrücken - Bemessungs- und Konstruktionsregeln; Ausgabe 01.09.2007

[68] **ÖNORM EN ISO 15630-1**: Stähle für die Bewehrung und das Vorspannen von Beton – Prüfverfahren – Teil 1: Bewehrungsstäbe, -walzdraht und -draht; Ausgabe 15.02.2011

[69] **ON – Regel 24008:** Bewertung der Tragfähigkeit bestehender Eisenbahn- und Straßenbrücken; Ausgabe 01.12.2006

[70] **Österreichische Bundesbahnen**: Stammblatt Ringstraßenbrücke; 1977; nicht veröffentlicht

[71] **Österreichische Bundesbahnen**: Ausführungsplanung für den Bau einer Bahnbrücke über die Ringstraße und zwei Rad- bzw. Fußwege auf der Strecke Krems – Grein bei km 1,130; 1959; nicht veröffentlicht

[72] **Österreichische Bundesbahnen**: Skriptum Bautechnischer Kurs – Brückenbau und konstruktiver Ingenieurbau; Leitung Univ. Prof. Dipl.-Ing. Dr. Johann Glatzl; 4. Auflage; Wien; 2009

[73] **Petschacher M.**: Evaluating remaining lifetime of bridges by means of BWIM; Bridge Maintenance, Safety, Management and Life – Cycle Optimization – Frangopol, Sause & Kusko (eds); Taylor & Francis Group; ISBN 978-0-415-87786-2; London; 2010

[74] **Pham H., Wang H.**: Imperfect maintenance; European Journal of Operational Research; Nr. 94; 1996; Page 425 - 438

[75] **Plate E.J.**: Statistik und angewandte Wahrscheinlichkeitslehre für Bauingenieure; Ernst & Sohn Verlag für Architektur und techn. Wissenschaften; ISBN 3-433-01073-0; Berlin; 1993

[76] **Rackwitz R.**: Zuverlässigkeit und Lasten im konstruktiven Ingenieurbau, Teil I: Zuverlässigkeitstheoretische Grundlagen; Technische Universität München; 1993 - 2006

[77] **Rey G.D., Wender K.F.**: Neuronale Netzwerke – Eine Einführung in die Grundlagen, Anwendungen und Datenauswertung; 2. vollständig überarbeitete und erweiterte Auflage; Hans Huber Verlag; ISBN 978-3-456-84881-5; 2010

[78] **Rüsch H., Sell R., Rackwitz R.**: Statistische Analyse der Betonfestigkeit – Bericht in DafStd.; Heft 206; Verlag Ernst & Sohn; Berlin; 1969

[79] **Rubinstein R.Y., Kroese D.P.**: Simulation and the Monte Carlo Method; John Wiley & Sons; New York; 1981

[80] **Rosenblatt M.**: Remarks on a Multivariant Transformation; The Annals of Mathematical Statistics; Volume 23; 1952; Page 470 – 472

[81] **RVS 13.03.11**: Überwachung, Kontrolle und Prüfung von Kunstbauten; Ausgabe 08.08.1995

[82] **RVS Arbeitspapier Nr. 12**: Objekts- und Bauteilbewertungen bei Brückenprüfungen; Ausgabe 01.09.2009

[83] **Schäper Michael**: Zur Anwendung der logarithmischen Normalverteilung in der Materialprüfung – Missverständliche Normaussagen ergeben fehlerhafte Nachweise; Bautechnik 87 (2010); Heft 9; Seite 541 - 549

[84] **Schneider J.**: Sicherheit und Zuverlässigkeit im Bauwesen – Grundwissen für Ingenieure, 2. überarbeitete Auflage; B.G. Teubner Verlag Stuttgart; ISBN 3-519-15040-4; Zürich; 1996

[85] **Sigrist V.**: Zum Verformungsvermögen von Stahlbetonträgern; Dissertation; Zürich; Eidgenössische Technische Hochschule Zürich; 1995

[86] **Simandl T.**: Nutzungsdauer von Eisenbahnbrücken; Dissertation; Technische Universität Wien; 2011

[87] **SOFISTIK**: Statikprogramme Version 23.00; Handbuch SOFISTIK AG, Oberschleissheim; 2009

[88] **Spaethe G.**: Die Sicherheit tragender Baukonstruktionen; 2. neubearbeitete Auflage; Springer – Verlag Wien - New York; ISBN 3-211-82348-4; Wien; 1992

[89] **Steenbergen R.D.J.M., de Boer A., van der Veen C.**: Safety assessment of existing concrete slab bridges of shear capacity; ICASP; Zürich; 2011

[90] **Steenbergen R.D.J.M., Vrouwenvelder A.C.W.M.:** Safety philosophy for existing structures and partial factors for traffic loads on bridges; Heron Vol. 55; No 2; 2010

[91] **Steenbergen R.D.J.M., Vervuurt A.H.J.M.:** Determination of the in-situ concrete strength of existing structures for the assessment of the structural safety; Structural Concrete; Paper in REVIEW

[92] **Strauss A.:** Stochastische Modellierung und Zuverlässigkeit von Betonkonstruktionen; Dissertation; Universität für Bodenkultur; Wien; 2003

[93] **Strauss A., Bergmeister K., Hoffmann S., Novák D.:** Advanced life – cycle analysis of existing concrete bridges; Journal of Materials and Civil Engineering; 20(1); 2008; Page 9-19

[94] **Strauss A., Kim S.:** Use of Monitoring Extreme Data for the Performance Prediction of Structures: General Approach; Engineering Structures; Elsevier; Vol. 30; No. 12; 2008

[95] **Taffe A., Wiggenhauser H.:** Zerstörungsfreie Zustandsermittlung und Qualitätssicherung in der Betoninstandsetzung; Beton- und Stahlbetonbau (2008); Heft 12; Seite 1 - 13

[96] **Thienel K.-Ch.:** Werkstoffe des Bauwesens – Festbeton; Institut für Werkstoffe des Bauwesens; Universität der Bundeswehr München; München; 2008

[97] **Tschegg E., Linsbauer H.:** Prüfeinrichtung zur Ermittlung von bruchmechanischen Kennwerten sowie hierfür geeignete Prüfkörper; Patentschrift 233/86; Österreichisches Patentamt; 1986

[98] **van Noortwijk J.M., Frangopol D.M.:** Two probabilistic life cycle maintenance models for deteriorating civil infrastructures; Probabilistic Engineering Mechanics; Nr. 19; 2004; Page 345 - 359

[99] **Vořechovský M., Novák D.:** Correlation control in small – sample Monte Carlo type simulations I: A simulated annealing approach; Probabilistic Engineering Mechanics 24 (2009); Page 452 - 462

[100] **Wang H., Pham H.**: Some maintenance models and availability with imperfect maintenance in production systems; Annals of Operational Research; Nr. 91; 1999; Page 305 - 318

[101] **Wang X.M., Shi X.F., Ruan X., Ying T.Y.**: Bridge safety assessment based on field test data with SORM method; Bridge Maintenance, Safety, Management and Life – Cycle Optimization – Frangopol, Sause & Kusko (eds); Taylor & Francis Group; ISBN 978-0-415-87786-2; London; 2010

[102] **Weindlmayr J.**: Stochastische Modelle im Datenbankformat für die Bautechnik; Diplomarbeit; Wien; Universität für Bodenkultur; 2004

[103] **Wicke M., Stehno G., Straninger W., Bergmeister K.**: Verfahren zur Vorhersage des Umfanges von Brückensanierungen; Straßenforschung Heft 338; Republik Österreich – Bundesministerium für wirtschaftliche Angelegenheiten; Wien; 1987

[104] **Zilch K., Diederichs C. J., Katzenbach R.**: Handbuch für Ingenieure; Springer – Verlag Berlin - Heidelberg - New York; ISBN 3-540-65760-6; Berlin; 2002

[105] **Zilch K., Zehetmaier G.**: Bemessung im konstruktiven Betonbau - Nach DIN 1045-1 und DIN EN 1992-1-1; Springer – Verlag Berlin - Heidelberg - New York; ISBN 3-540-20650-7; 2006

Anhang I

Verwendete Formelzeichen

Die wichtigsten verwendeten Formelzeichen werden nachfolgend im Überblick dargestellt.

<u>Große lateinische Buchstaben</u>

A	Gesamtheit möglicher Aktionen
$\mathbf{A}_{an}$	Übergangsmatrix
A_c	der maximal erlaubte Wert an Proben, welche die Hypothese nicht erfüllen bei n getesteten Proben
A_s	Fläche der Biegezugbewehrung
A_{sl}	Fläche der Längsbewehrung
A_{sw}	Fläche der Querkraftbewehrung
CC	Schadensfolgeklasse (Consequence Class)
CoV	Variationskoeffizient (in Verbindung mit diversen Indizessen)
$E(X)$	Erwartungswert von X
E	Einwirkung
E_{cm}	Mittelwert des E – Moduls von Normalbeton
E_d	Einwirkung (Designniveau)
E_S	E – Modul des Bewehrungsstahls
E_{ym}	Mittelwert des E – Moduls des Bewehrungsstahls
F_{cd}	Bemessungswert der Druckkraft
F_H	Horizontallast
F_V	Vertikallast
$F_x(x)$	Verteilungsfunktion einer Variablen X
F_{yd}	Bemessungswert der Zugkraft
$\tilde{G}$	Grenzzustand
G	ständige Einwirkung
G_F	Bruchenergie mit der work of fracture method
G_f	Bruchenergie mit der size - effect method
G_f^{exp}	experimentelle Bruchenergie
G_k	charakteristische ständige Einwirkung
$\tilde{G}(M_R)$	Grenzzustandsfunktion der Biegebeanspruchung ohne Normalkraft
$\tilde{G}(V_{R,c})$	Grenzzustandsfunktion des Querkraftwiderstandes für Bauteile ohne Querkraftbewehrung
$\tilde{G}(V_{R,max})$	Grenzzustandsfunktion des Querkraftwiderstandes der Betondruckstrebe
$\tilde{G}(V_{R,S})$	Grenzzustandsfunktion des Querkraftwiderstandes der Querkraftbewehrung

H_0	Nullhypothese
H_1	Alternativhypothese
K_T	$\varphi^{-1}(1-\alpha)$
P	Wahrscheinlichkeit
Q	veränderliche Einwirkung
Q_k	charakteristische veränderliche Einwirkung
LN	Lognormalverteilung
M	Markovian Übergangsmatrix
M$_t$	Übergangsmatrix
M	Sicherheitsmarge
M_G	Moment der ständigen Lasten
$M_{G,k}$	charakteristisches Moment der ständigen Lasten
M_Q	Moment der veränderlichen Lasten
$M_{Q,k}$	charakteristisches Moment der veränderlichen Lasten
$M_{R,d}$	Moment des Widerstandes (Designniveau)
$M_{S,d}$	Moment der Einwirkung (Designniveau)
N	Normalverteilung
N	Anzahl an Simulationen
P_a	Annahmewahrscheinlichkeit
R	Widerstand
R_d	Widerstand (Designniveau)
R_k	charakteristischer Widerstand
RC	Zuverlässigkeitsklasse
S	Stress
$V_{S,d}$	Querkraft der Einwirkung (Designniveau)
V_G	Querkraft der ständigen Lasten
$V_{G,k}$	charakteristische Querkraft der ständigen Lasten
V_Q	Querkraft der veränderlichen Lasten
$V_{Q,k}$	charakteristische Querkraft der veränderlichen Lasten
$V_{Rd,c}$	Bemessungsquerkraftwiderstand eines Bauteils ohne Querkraftbew.
$V_{Rd,max}$	Bemessungsquerkraftwiderstand der Betondruckstrebe
$V_{Rd,S}$	Bemessungsquerkraftwiderstand der Schubbewehrung
X	Vektor der Modellunsicherheiten
X	Zufallsvariable
X_p	Zufallsvariable
Y	Zufallsvariable
Z	Zuverlässigkeit
Z	Zustand eines Systems
Z	Zufallsgröße

Kleine lateinische Buchstaben

a	mögliche Aktion
a	1. statistischer Parameter der Exponentialverteilung
a_n	Bauteilabmessung
b	Breite
$\overset{*}{c}(v^n)$	die optimalen erwarteten Kosten bezogen auf den Zustand v_n am Beginn der Stufe n
c_0	Stutzwert
$c_a(a)$	Kosten für die Instandsetzung a
$c_{cur}(v^n, a^n)$	Erwartete Kosten während der Stufe n, wenn am Beginn der Stufe der Zustand v^n vorherrschte und eine Aktion a^n gesetzt wurde.
$c_i(i)$	Kosten für die Inspektionsmethode i
c_f	wirksame Länge
c_{min}	Mindestmaß der Betondeckung
c_{nom}	Nominalwert der Betondeckung
$c_s(^a\theta^n)$	Kosten bezogen auf das System im Zustand $^a\theta^n$ während der Stufe n und nach der Instandsetzung a
$\mathbf{d}$	Vektor deterministischer Basisvariablen
d	statische Nutzhöhe
d_a	Durchmesser des Größtkorns
exp	Exponentialfunktion
$f_{0,2k}$	charakteristische Stahlzugfestigkeit bei 0,2% Dehnung
f_c	Betondruckfestigkeit
f_{ck}	charakteristische Betondruckfestigkeit
$f_{ck,is}$	charakteristische Betondruckfestigkeit (is = in-situ)
f_{ct}	Betonzugfestigkeit
f_{ctm}	Mittelwert der Betonzugfestigkeit
$f_{c,test,min}$	minimaler Testwert der Betondruckfestigkeit
$f_{c,test,min,cal}$	minimaler berechneter Testwert der Betondruckfestigkeit
$f_{ct,sp}$	Spaltzugfestigkeit von Beton
f_{cm}	Mittelwert der Betondruckfestigkeit
$f_E(e)$	Funktion der Einwirkung
$f_{is,niedrigst}$	niedrigstes Prüfergebnis der Druckfestigkeit des Bauwerkbetons
$f_M(m)$	Funktion der Sicherheitsmarge
$f_{m(n),is}$	Mittelwert von n Prüfergebnissen des Bauwerkbetons
$f_R(r)$	Funktion des Widerstandes
f_{tk}	charakteristische Zugfestigkeit
$f_X(x)$	Verteilungsdichtefunktion einer Variablen X
f_y	Streckgrenze des Bewehrungsstahls

$f_{y,erf}$	erforderliche Streckgrenze des Bewehrungsstahls
f_{yk}	charakteristische Streckgrenze des Bewehrungsstahls
f_{ym}	Mittelwert der Streckgrenze des Bewehrungsstahls
f_{ywd}	Bemessungswert der Streckgrenze der Schubbewehrung
$g(x)$	Grenzzustandsfunktion
$h(y)$	Hyperfläche
k	Faktor
k_1	Faktor
k_2	Faktor
k_3	Faktor
k_4	Faktor
k_x	Höhenbeiwert
$l(y)$	Tangentialebene
ln	natürlicher Logarithmus
n	Jahreszahl
n	Stichprobenanzahl
p	Quantilwert
p	prozentueller Schlechtanteil im Los
p	Wahrscheinlichkeit allgemein
p_f	Versagenswahrscheinlichkeit
$p_{f,n}$	Versagenswahrscheinlichkeit für einen Bezugszeitraum von n Jahren
$p_{f,1}$	Versagenswahrscheinlichkeit für einen Bezugszeitraum von einem Jahr
p_s	Überlebenswahrscheinlichkeit
r	Vektor streuender Basisvariablen
r^*	Bemessungswert des Widerstandes
s	Horizontalverformung
s	Bügelabstand
s_x	Standardabweichung der Stichprobe
s^*	Bemessungswert der Einwirkung
$t_{n-1,p}$	t-Verteilung mit n-1 Freiheitsgraden für das Quantil p
u	2. statistischer Parameter der Exponentialverteilung
w/z	Wasserzementwert
x	Höhe der Betondruckzone
x	Zufallsgröße
x_0	Maximalwert der Weibullverteilung
$\tilde{x}_p$	Schätzwert für einen Quantilwert
$\tilde{x}_{m,u}$	Schätzwert für den Mittelwert
$\bar{x}$	Mittelwert der Stichprobe
$x_{test,min}$	minimaler Testwert

$x_{test,min,cal}$	minimaler berechneter Testwert
y	Zufallsgröße
z	innerer Hebelsarm
z_0	Anzahl der Versagensfälle
$z_{5\%}$	Wert der standardisierten Normalverteilungsfunktion für den 5% Fraktilwert
$z_{25\%}$	Wert der standardisierten Normalverteilungsfunktion für den 25% Fraktilwert
z_i	Zufallszahl

Griechische Buchstaben

α	Parameter der Gammaverteilung
α	Winkel der Schubbewehrung
α_0	Parameter für die Kornform
α_{cc}	Beiwert für die Dauerstandsfestigkeit
α_{cw}	Beiwert zur Berücksichtigung des Spannungszustandes
α_i^2	Wichtungsfaktor (in Verbindung mit diversen Indizessen)
α_E	Wichtungsfaktor der Einwirkung
α_R	Wichtungsfaktor des Widerstandes
α_R	Völligkeitsbeiwert der Druckspannungsverteilung
β	Skalierwert der Gammaverteilung
β	Zuverlässigkeitsindex
β_1	Zuverlässigkeitsindex für 1 Jahr
β_c	Zuverlässigkeitsindex nach CORNELL
β_{cal}	berechneter Zuverlässigkeitsindex
β_{min}	Mindestwert des Zuverlässigkeitsindex
β_{HL}	Zuverlässigkeitsindex nach HASOFER und LIND
β_l	Zuverlässigkeitsindex (l = low)
β_n	Zuverlässigkeitsindex für n Jahre
β_r	Zuverlässigkeitsindex (r = repair)
Γ	Gammafunktion
γ	Eulersche Zahl
γ_0	Parameter für die Kornform
γ_c	Teilsicherheitsbeiwert Beton
$\gamma_{c,cal}$	berechneter Teilsicherheitsbeiwert Beton
γ_G	Teilsicherheitsbeiwert der ständigen Lasten
$\gamma_{G,cal}$	berechneter Teilsicherheitsbeiwert der ständigen Lasten
γ_Q	Teilsicherheitsbeiwert der veränderlichen Lasten
$\gamma_{Q,cal}$	berechneter Teilsicherheitsbeiwert der veränderlichen Lasten
γ_R	Teilsicherheitsbeiwert des Widerstandes
γ_S	Teilsicherheitsbeiwert des Bewehrungsstahls
$\gamma_{S,cal}$	berechneter Teilsicherheitsbeiwert des Bewehrungsstahls
Δ_c	Vorhaltemaß der Betondeckung
Δ_D	Abminderung des Zuverlässigkeitsindex durch Duktilität
Δ_L	Abminderung des Zuverlässigkeitsindex durch Einwirkung
Δ_M	Abminderung des Zuverlässigkeitsindex durch Monitoring
Δ_S	Abminderung des Zuverlässigkeitsindex durch Robustheit
ε	Varianz der Lognormalverteilung
ε_c	Betonranddehnung
ε_s	Stahlranddehnung
η	Verhältniszahl

η		Faktor
Θ		Gesamtheit unterschiedlicher Ausprägungen eines Zustandes
$\Theta_{E(M)}$		Modellunschärfe der Momentenbeanspruchung (allgemein)
$\Theta_{E(MG)}$		Modellunschärfe der Momentenbeanspruchung (ständige Lasten)
$\Theta_{E(MQ)}$		Modellunschärfe der Momentenbeanspruchung (veränderliche Lasten)
$\Theta_{E(N)}$		Modellunschärfe der Normalkraftbeanspruchung
$\Theta_{E(V)}$		Modellunschärfe der Querkraftbeanspruchung (allgemein)
$\Theta_{E(VG)}$		Modellunschärfe der Querkraftbeanspruchung (ständige Lasten)
$\Theta_{E(VQ)}$		Modellunschärfe der Querkraftbeanspruchung (veränderliche Lasten)
Θ_G		Modellunschärfe der Eigenlast
Θ_Q		Modellunschärfe der veränderlichen Last
Θ_R		Modellunschärfe des Widerstandes
$\Theta_{R(M)}$		Modellunschärfe des Momentenwiderstandes
$\Theta_{R(N)}$		Modellunschärfe des Normalkraftwiderstandes
$\Theta_{R(VR,c)}$		Modellunschärfe des Querkraftwiderstandes eines Bauteils ohne rechnerisch erforderliche Querkraftbewehrung
$\Theta_{R(VR,max)}$		Modellunschärfe des Querkraftwiderstandes der Betondruckstrebe
$\Theta_{R(VR,S)}$		Modellunschärfe des Querkraftwiderstandes der Querkraftbewehrung
θ		Winkel der Betondruckstrebe
θ		Ausprägung des Zustandsindex
λ		Mittelwert der Lognormalverteilung
μ		Mittelwert
μ_c		Mittelwert der Betondeckung
μ_E		Mittelwert der Einwirkung
μ_M		Mittelwert der Sicherheitsmarge
μ_R		Mittelwert des Widerstandes
v		Zustandsvektor
v_1		Festigkeitsabminderungsbeiwert
v_{fyk}		Verteilungsfunktion der Stahlstreckgrenze ausgehend vom charakteristischen Wert der Stahlstreckgrenze (5% Fraktilwert)
v_S		Verteilungsfunktion des Abstandes der Querbewehrung ausgehend vom charakteristischen Wert (Mittelwert)
$v_{VG,k}$		Verteilungsfunktion der ständigen Lasten ausgehend vom charakteristischen Wert (Mittelwert)
$v_{VQ,k}$		Verteilungsfunktion der veränderlichen Lasten ausgehend vom charakteristischen Wert (95% Fraktilwert)

ξ	Verhältnis der veränderlichen zur ständigen Belastung
π	Kreiszahl
ρ	Verhältnis Längsbewehrung zu wirksamer Betonfläche
σ	Standardabweichung
σ^2	Varianz
σ_c	Standardabweichung der Betondeckung
σ_{cp}	Bemessungswert der Betondruckspannung in der Nulllinie
σ_E	Standardabweichung der Einwirkung
σ_{fc}	Standardabweichung der Betondruckfestigkeit
σ_{fy}	Standardabweichung der Stahlstreckgrenze
σ_M	Standardabweichung der Sicherheitsmarge
σ_R	Standardabweichung des Widerstandes
Φ	Verteilungsfunktion der Normalverteilung
Φ^{-1}	inverse Verteilungsfunktion der Normalverteilung

Anhang II

Musterbeispiel 1:

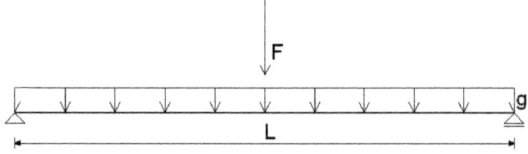

Abbildung AII/1: statisches System Musterbeispiel 1

Es gilt:
L = 5,0 m
F_k = 400 kN (95% Fraktilwert)
g_k = 6 kN/m (Mittelwert)
A_{sw} = 2,0 cm²
s_k = 0,25 m
f_{yk} = 550 N/mm² (5% Fraktilwert)
z = 0,405 m

Berechnung für ein Versagen der Schubbewehrung in Lagernähe. (Exemplarisch wird die Schubbeanspruchung direkt am Auflager berechnet.)

Charakteristische Querkraftbeanspruchung:
Teilsicherheitsbeiwerte gemäß Tabelle 7-1

$$V_{G,d} = \gamma_G \cdot (L \cdot g_k \cdot 0{,}5) = 20{,}25 \ kN$$

$$V_{Q,d} = \gamma_Q \cdot (F_k \cdot 0{,}5) = 300 \ kN$$

$$V_{S,d} = V_{G,d} + V_{Q,d} = 320{,}25 \ kN$$

Der Bemessungswert des Widerstandes der Schubbewehrung errechnet sich nach Gleichung (4-13) mit:

$$V_{Rd,s} = 257{,}90 \ kN$$

Die Bedingung

$$V_{Rd,s} \geq V_{Sd}$$

kann somit nicht erfüllt werden.

Aufgrund der verminderten Restlebensdauer einer verminderten Schadensfolgeklasse oder reduzierten Wertigkeit der Struktur ist es möglich, den Zuverlässigkeitsindex neu zu definieren bzw. zu reduzieren. Für das Musterbeispiel wird ein Zuverlässigkeitsindex von $\beta_{min} \geq 3,0$ als ausreichend für eine uneingeschränkte Nutzung angenommen. Die Berechnung des Zuverlässigkeitsindex für die vorliegende Struktur erfolgt mit Hilfe probabilistischer Methoden.

Folgende Annahmen werden getroffen:

Charakteristika	PDF	µ	CoV	Sonst.
Modellunschärfen				
Einwirkung	LN	1	0,10	
Widerstand	LN	1,1	0,10	$V_{R,S}$
Bewehrung				
Streckgrenze f_y [MPa]	N	599,29	0,05	$f_{ym} = \dfrac{f_{yk}}{1 - 1,645 \cdot CoV}$ [9]
Schubbewehrung A_{sw} [m²]	Det.	2,0e-4		
Bügelabstand s [m]	N	0,25	0,067	
Geometrie				
Θ [rad]	Det.	0,54		
α [rad]	Det.	1,57		
z [m]	Det.	0,405		z = 0,9 (h-c)
Belastung				
V_G aus ständiger Einwirkung [kN]	N	15,0	0,05	
V_Q aus veränderlicher Einw. [kN]	N	171,75	0,1	$V_{Q,m} = \dfrac{V_{Q,k}}{1 + 1,645 \cdot CoV}$ [10]

Tabelle AII/1: stochastische Parameter zur Berechnung des Musterbeispiels

Durch Berechnung der Grenzzustandsfunktion $\tilde{G}(V_{Rd,s})$ (Gleichung (7-11)) kann der Zuverlässigkeitsindex β = 3,70 berechnet werden.

Lautet der semi – probabilistische Nachweis gemäß [66]

$$V_{Rd,s} = V_{Sd},$$

so beträgt der Zuverlässigkeitsindex β für ein Schubversagen der Querkraftbewehrung 3,70.

Durch iteratives Reduzieren der Teilsicherheitsbeiwerte γ_G und γ_Q ist es möglich, die daraus resultierende Zuverlässigkeit für die untersuchte Struktur zu ermitteln.

---

[9] Berechnung des Mittelwertes aus dem 5% Fraktilwert für normalverteilte Basisvariablen mit einem Stichprobenumfang von n = ∞

[10] Berechnung des Mittelwertes aus dem 95% Fraktilwert für normalverteilte Basisvariablen mit einem Stichprobenumfang von n = ∞

Im vorliegenden Beispiel werden die Teilsicherheitsbeiwerte der Einwirkung γ_G und γ_Q gleichermaßen mit dem Vorfaktor η multipliziert und somit reduziert:

$V_{S,d,cal} = \eta \cdot \gamma_G \cdot V_{G,k} + \eta \cdot \gamma_Q \cdot V_{Q,d}$

Die Bedingung

$\eta \cdot \gamma_G \; bzw. \eta \cdot \gamma_Q \geq 1{,}0$

ist dabei einzuhalten.

Durch die Iteration werden folgende Werte ermittelt:

Iterationsschritt	η	γ_G	γ_Q	β
1	1,0	1,35	1,50	3,7
2	0,9	1,215	1,35	3,2
3	0,85	1,148	1,275	3,01
4	0,8	1,08	1,20	2,8

Tabelle AII/2: Ergebnisse der Iterationsschritte zur Ermittlung des Zielzuverlässigkeitsindex

Aus Tabelle AII/2 ist ersichtlich, dass durch Abminderung der Teilsicherheitsbeiwerte γ_G und γ_Q mit dem Faktor η = 0,85 ein Zuverlässigkeitsindex von β = 3,01 erreicht wird. Kann in weiterer Folge der Nachweis mit den aktualisierten Teilsicherheitsbeiwerten erfüllt werden, so ist ein Zuverlässigkeitsindex von $\beta_{min} \geq 3{,}0$ eingehalten.

$V_{G,d,cal} = \gamma_G \cdot (L \cdot g_k \cdot 0{,}5) = 17{,}22 \; kN$

$V_{Q,d,cal} = \gamma_Q \cdot (F_k \cdot 0{,}5) = 255 \; kN$

$V_{S,d} = V_{G,d} + V_{Q,d} = 272{,}22 \; kN$

Mit der Reduktion der Teilsicherheitsbeiwerte durch den Faktor η = 0,85 kann der Nachweis

$V_{Rd,s} \geq V_{Sd}$

nach wie vor nicht erbracht werden, was eine Sperre der Struktur aufgrund der Unterschreitung von β_{min} = 3,0 zur Folge haben würde.

Anhang III

Musterbeispiel 2:

Als System des Musterbeispiels 2 wird jenes des Musterbeispiels 1 herangezogen (siehe Anhang II).

Die Durchführung des Beispiels erfolgt gemäß Abbildung 8-1 zur Ermittlung erforderlicher Materialparameter, um eine nötige Zuverlässigkeitsgrenze einzuhalten.

1. Definition der Grenzzustandsfunktion

$$\tilde{G}(V_{R,S}) = \Theta_{R(VR,S)} \cdot \tau_y \cdot z - (\Theta_{E(VG)} \cdot V_G + \Theta_{E(VQ)} \cdot V_Q)$$

Dabei gilt:

$$\tau_y = \frac{A_{sw}}{s} \cdot f_{yw} \cdot (cot\theta + cot\alpha) \cdot sin\alpha$$

2. Erstellen der Eingangssets für die probabilistische Berechnung

Set	f_y [N/mm²]	CoV_{fy} [-]	V_G [kN]	CoV_{VG} [-]	V_Q [kN]	CoV_{VQ} [-]
1	550	0,05	15	0,05	171,75	0,1
2	320	0,08	17	0,05	150	0,15
3	550	0,02	15	0,05	200	0,2
4	600	0,03	18	0,03	180	0,15
5	400	0,05	15	0,04	190	0,30
...	...	...	...	...	...	...

Tabelle AIII/1: Eingangssets für die probabilistische Berechnung

Die restlichen Basisvariablen wie zum Beispiel die Modellunsicherheiten $\Theta_{E(VG)}$ oder $\Theta_{E(VQ)}$ werden nicht bei der Erstellung der Basisvariablen für das Trainingsset berücksichtigt, bleiben jedoch Bestandteil der probabilistischen Berechnung zur Ermittlung des Zuverlässigkeitsindex β.

3. Erstellen der Trainingssets für das neuronale Netzwerk

Um die Trainingssets für das neuronale Netzwerk zu erhalten werden, die Eingangssets um den Zuverlässigkeitsindex β erweitert.

Set	f_y [N/mm²]	CoV_{fy} [-]	V_G [kN]	CoV_{VG} [-]	V_Q [kN]	CoV_{VQ} [-]	β [-]
1	550	0,05	15	0,05	171,75	0,1	2,886
2	320	0,08	17	0,05	150	0,15	0,625
3	550	0,02	15	0,05	200	0,2	1,897
4	600	0,03	18	0,03	180	0,15	2,869
5	400	0,05	15	0,04	190	0,30	0,511
...	...	...	...	...	...	...	...

Tabelle AIII/2: Trainingssets für das Trainieren des neuronalen Netzwerkes

4. Einrichten eines neuronalen Netzwerkes

Im vorliegenden Fall wird mit Hilfe der Software MemBrain [30] ein Netzwerk mit dem Wert f_y als Output erstellt. Mit dieser Konfiguration ist es möglich, nach dem Training des Netzes für einen gewünschten Zuverlässigkeitsindex den erforderlichen Mittelwert der Stahlstreckgrenze f_y zu ermitteln.

5. Definieren der Input- sowie der Outputparameter

Outputparameter	Inputparameter					
f_y [N/mm²]	CoV_{fy} [-]	V_G [kN]	CoV_{VG} [-]	V_Q [kN]	CoV_{VQ} [-]	β [-]

Tabelle AIII/3: Input- und Outputparameter des neuronalen Netzwerkes

Wie bereits beschrieben kann mit dieser Konfiguration ein erforderlicher Mittelwert der Stahlstreckgrenze f_y ermittelt werden. Durch eine Umstellung der Input- und Outputparameter ist es weiters möglich, beispielsweise einen erforderlichen Variationskoeffizienten CoV_{fy} der Stahlstreckgrenze für einen erforderlichen Zuverlässigkeitsindex zu ermitteln.

Werden mehr als nur ein Outputparameter definiert, beispielsweise die Stahlstreckgrenze f_y und deren zugehöriger Variationskoeffizient CoV_{fy}, so sei an dieser Stelle angemerkt, dass es hierfür eine unendliche Anzahl an Lösungsmöglichkeiten gibt.

6. Trainieren des neuronalen Netzwerkes

Mit den in Tabelle AIII/2 definierten Trainingssets kann das neuronale Netzwerk trainiert und somit die Wichtungen der einzelnen Neuronen definiert werden.

7. Berechnen des Mittelwertes der erforderlichen Stahlstreckgrenze f_y

Nach dem Training kann ein gewünschter Zuverlässigkeitsindex als Inputparameter in das neuronale Netz eingegeben und somit der erforderliche Mittelwert der Streckgrenze berechnet werden.

Mit dem vorliegenden neuronalen Netzwerk konnte zur Einhaltung eines Zuverlässigkeitsindex von β_{min} = 3,0 ein erforderlicher Mittelwert f_y = 559,5 N/mm^2 errechnet werden.

Wird bei der Bauwerksprüfung ein Mittelwert der Stahlstreckgrenze $f_y \geq 559,5$ N/mm^2 mit einem dazugehörigen Variationskoeffizienten von $CoV_{fy} \leq 0,05$ ermittelt, so kann der Querkraftnachweis bei Versagen der Querkraftbewehrung mit einer Zuverlässigkeit von $\beta \geq 3,0$ eingehalten werden.

i want morebooks!

Buy your books fast and straightforward online - at one of world's fastest growing online book stores! Environmentally sound due to Print-on-Demand technologies.

Buy your books online at
www.get-morebooks.com

Kaufen Sie Ihre Bücher schnell und unkompliziert online – auf einer der am schnellsten wachsenden Buchhandelsplattformen weltweit! Dank Print-On-Demand umwelt- und ressourcenschonend produziert.

Bücher schneller online kaufen
www.morebooks.de

 VDM Verlagsservicegesellschaft mbH
Heinrich-Böcking-Str. 6-8 Telefon: +49 681 3720 174 info@vdm-vsg.de
D - 66121 Saarbrücken Telefax: +49 681 3720 1749 www.vdm-vsg.de

Printed by Books on Demand GmbH, Norderstedt / Germany